卓越工程师教材
EXELLENT ENGINEER

机械制图测绘实训教程

主　编　吴巨龙
副主编　陈　忠

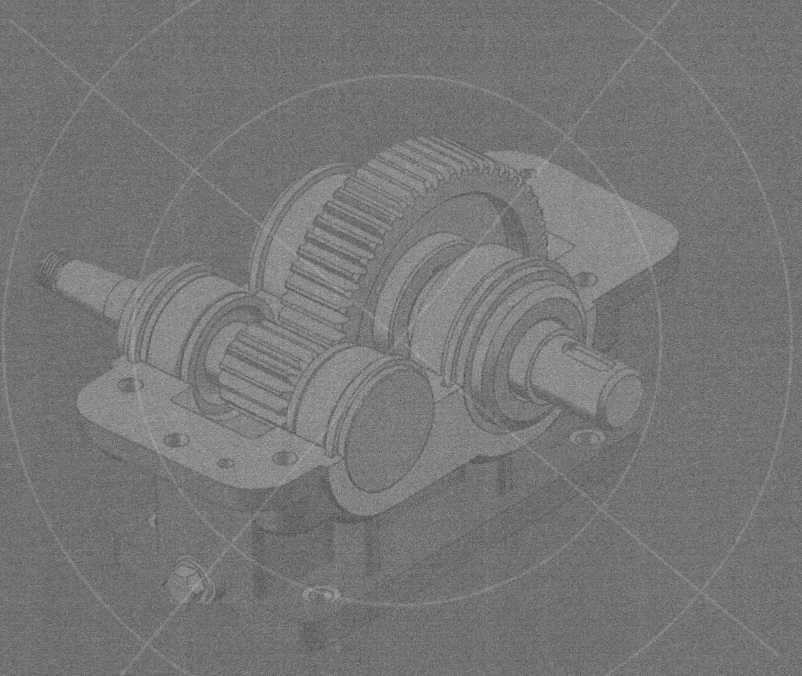

江苏大学出版社
JIANGSU UNIVERSITY PRESS
镇　江

图书在版编目(CIP)数据

机械制图测绘实训教程 / 吴巨龙主编. — 镇江 ：江苏大学出版社，2016.3(2024.8 重印)
ISBN 978-7-5684-0179-1

Ⅰ. ①机… Ⅱ. ①吴… Ⅲ. ①机械制图—测绘—高等学校—教材 Ⅳ. ①TH126

中国版本图书馆 CIP 数据核字(2016)第 049693 号

机械制图测绘实训教程
Jixie Zhitu Cehui Shixun Jiaocheng

主　　编/吴巨龙
副 主 编/陈　忠
责任编辑/吴蒙蒙
出版发行/江苏大学出版社
地　　址/江苏省镇江市京口区学府路 301 号(邮编：212013)
电　　话/0511-84446464(传真)
网　　址/http://press.ujs.edu.cn
印　　刷/苏州市古得堡数码印刷有限公司
开　　本/787 mm×1 092 mm　1/16
印　　张/7.5
字　　数/176 千字
版　　次/2016 年 3 月第 1 版
印　　次/2024 年 8 月第 10 次印刷
书　　号/ISBN 978-7-5684-0179-1
定　　价/24.00 元

前　言

“机械制图测绘实训”是在“机械制图”工程图学类课程理论教学之后开设的一门实践课程，主要目的有以下几个方面：

（1）应用所学的机械制图理论，进一步强化训练机械制图的绘图技能。

（2）通过对典型机械产品零部件的测绘，掌握机械产品的装配关系，提升利用测量、查表、计算、绘图等手段综合表达实际产品的能力。

（3）培养工程意识和专业工程能力。由于本课程和“机械制图”课程属于学科基础课，一般在大学一年级开设，此阶段的学生对本专业还比较陌生，通过该实训过程，使学生充分理解机械产品实物和工程技术图纸之间的关系，通过实物测绘、相关数据计算分析、绘图等方面的训练，培养学生的工程意识与专业技能。

在学生整个大学学习阶段，除了企业生产实践外，围绕相关课程设置了三个阶段的实践训练，即机械制图测绘实训、机械设计制造等课程实训、专业综合实训。这三个阶段均涉及机械产品的测量、绘图等，且是螺旋式上升的。从一开始的读图、制图能力的训练到最终整个产品设计、工程分析再到制造过程的训练，其实训的内容越来越综合化，也更贴近工程实践。

“机械制图测绘实训”是整个大学期间实践训练的第一阶段。本教材在充分考虑学生现有知识结构的基础上，以最基本的计量器具为测绘工具，以典型的机械产品为测绘对象，介绍测绘的方法和技能，力求做到图文并茂，可操作性强，使学生能在测绘过程中体会精度、配合、材料及表面粗糙度轮廓等对产品质量和使用性能的影响，为后续课程的学习打下基础。

本书第1章以概述的形式介绍了机器测绘的基本知识，不限于本实训用到的知识；第2章介绍了减速器这一典型机械产品的功能、结构，以较通俗的方式讲述了所涉及的机械设计、工艺等方面的知识；第3章对减速器中的每一类零件进行了具体的测绘指导；第4,5章分别介绍了球阀和齿轮油泵的结构、功能及测绘；附录提供了较完整的测绘时需要查阅的资料。

本书由江苏科技大学吴巨龙担任主编，陈忠担任副主编。鉴于编者水平有限，书中难免存在疏漏和不足之处，恳请广大读者不吝指正！

编　者

2015年12月

目 录

第 1 章

概　述

1.1　机器零部件测绘的概念及分类

1.1.1　概念

机器零部件测绘是对机器中的零部件进行拆卸、测量，选择合适的表达方案，绘出全部非标准零件草图，并根据草图最终绘出零件图和部件或机器装配图的过程。

机器零部件的测绘在机器的维修、仿制、改造、研究等方面有重要的意义，是机械专业或近机械类专业学生应该掌握的一项基本技能。

机器零部件的测绘，不但需要高质量地完成测量任务，而且要根据机器或部件的功能及加工的要求，确定零件的材料、加工精度及其他技术要求。根据测绘目的和应用场合的不同，测绘工作的复杂程度也会不同。

1.1.2　分类

根据测绘目的和应用场合，测绘可以分为以下几类：

（1）设计测绘

为了设计新产品，需要参考一些现有的国内外机器或部件，但由于没有现成的图纸资料，因此需要进行的测绘。

（2）仿制测绘

为了仿造、制造引进的性能优良的机器、设备，由于技术保密或其他原因，无法得到其技术资料，因此必须要进行的测绘。

（3）研究测绘

对于一些老旧的设备或者历史流传下来的设备，比如历史上的“木牛流马”，其技术资料早已荡然无存，出于研究的目的，进行仿制，而必须进行的测绘。

（4）教学测绘

工科院校在“机械制图”教学后，通过测绘以巩固、提高制图知识，或在高年级阶段通过测绘模拟仿制某种机器部件等以学习为目的的测绘。

前三类测绘对测绘的要求均较高，第四类测绘则根据学习目的的不同，要求也相应地有所不同。本教材的目的是为了练习零部件的机械制图表达而进行的测绘，面向的对象是初学机械专业或近机械专业的学生。

1.2 测绘的一般步骤

测绘零部件一般按如下步骤进行：

（1）测绘前的准备工作

了解测绘对象的用途、性能、工作原理、结构特点等，收集测绘对象的相关图纸、资料、说明书、标牌等，组织人员，准备工具、场地等。

（2）拆卸零部件

对测绘的零部件进行拆卸，一般拆卸需拆卸到每个零件，但对于像轴承这样的组件，不需要进一步拆卸到单个零件，因为它是标准件，是作为一个零件来使用的。

对于拆卸下来的零部件，要进行标记和编号。

（3）绘制装配示意图

在拆卸的过程中，可以通过绘制装配示意图，记录零件的相对位置，弄清机器的结构、工作原理、装配关系，为进一步绘制装配图和还原装配体做好准备；也可以通过拍照、摄像等方式来进行记录。

（4）绘制零件草图

对于非标准件，在绘制工程图前，应先绘制草图，以便将测绘信息标注在草图上。草图绘制与绘制正式工程图类似，只是不用尺规绘图工具，不必考虑绘图比例，用铅笔以徒手的方式作图。表达零件时也要根据零件的结构，考虑合适的表达方案，如视图、剖视图等。草图可以采用方格纸或坐标纸来完成。

（5）测量零部件

对拆卸后的零件进行测量，一般尺寸保留至小数点后一位，重要尺寸、配合尺寸保留至小数点后 2 ~ 3 位。测量时，对于同一个尺寸，应变换几次位置，多测几次，取其平均值，标注在草图上。对于互相有配合、关联关系的尺寸，要互相印证。标注在草图上的尺寸要尽可能详细、完整，可以重复，以便于后面进行分析及发现测量上的问题。

（6）尺寸处理及技术要求的确定

测量所得的尺寸是零件加工后，甚至是使用磨损后的尺寸，因此需要根据测量尺寸推算其设计尺寸。同时也要根据机器的性能、结构，确定零件的表面粗糙度轮廓值、尺寸公差、几何公差等技术要求。

（7）绘制零件图

根据零件草图，绘制零件图，绘制要求见相关机械制图教材。

（8）绘制装配图

可以先绘装配图,后画零件图,也可以根据画好的零件图及装配草图拼画装配图。

具体绘制要求详见相关机械制图教材。

1.3　尺寸测量的基本知识

1.3.1　测量的基本要素

测量尺寸首先要明确4个基本要素:

（1）被测对象:工件的几何量,如长度、角度、形状位置误差等。

（2）计量单位:为定量表示某种量的量值而约定采用的特定量。我国规定采用以国际单位制为基础的“法定计量单位”。

（3）测量方法:测量时采用的测量原理、计量器具和测量条件的综合。

（4）测量精度:测量结果与真值相一致的程度。

1.3.2　计量器具分类及技术性能指标

计量器具分为量具、量规、量仪、计量装置。量具有量块、直角尺等;量规有光滑极限量规、螺纹量规等;量仪有量表、测长仪、工具显微镜等;计量装置是指测量所需要的测量器具和辅助装置的总体。

计量器具的技术性能指标主要有:

（1）标称值:标注在量具上的数值。

（2）分度值:标尺上相邻两刻线间距所代表的量值。

（3）示值:由测量器具所指示的被测量值。

（4）示值范围:计量器具所能测量的被测量值的下限值与上限值的范围。

（5）示值误差:计量器具上的示值与被测真值之差。

（6）灵敏度:反映被测几何量微小变化能力的参数值。

1.3.3　测量方法分类

测量方法根据不同的分类条件有很多分类方法,下面只列出主要的几种。

（1）按实测几何量是否为被测几何量分

直接测量:被测几何量的量值直接由计量器具读出。

间接测量:被测几何量的量值由几个实测几何量的量值按照一定的函数关系计算而获得。

（2）按测量时计量器具的测头与被测表面是否接触分

接触测量:测头与被测表面接触。

非接触测量:测头与被测表面不接触。

（3）按工件上是否有多个被测几何量同时被测量分

单项测量:对工件上被测几何量一一单独测量。

综合测量:指同时测量工件上几个相关几何量,如用量规进行测量。

1.3.4　测量误差

在测量过程中,测量值并不一定是测量对象的实际值,不可避免会出现误差,测量误差的来源主要有计量器具的误差、方法的正确与可靠程度、环境的影响、测量人员的人为误差等。测量误差可用绝对误差或相对误差来表示。绝对误差是指被测几何误差的量值与其真值之差。相对误差是指绝对误差与真值之比。

1.4　常用拆卸工具

1.4.1　扳手类

（1）活扳手

活扳手(图 1-1)可以调节开口度,用来紧固或拆卸一定尺寸范围内的六角头或方头螺栓、螺母。

规格以“总长度”表示,如 100,150,200 等。

（2）呆扳手和梅花扳手

呆扳手专用于紧固或拆卸某一种规格的六角头或方头螺栓、螺母。呆扳手的样式有单头呆扳手、双头呆扳手;梅花扳手的样式有单头梅花扳手和双头梅花扳手。图 1-2 所示的扳手为两用扳手,一头为呆扳手,另一头为梅花扳手。

单头呆扳手的规格以“开口宽度”表示,如 8,10,12,14,17,19 等。

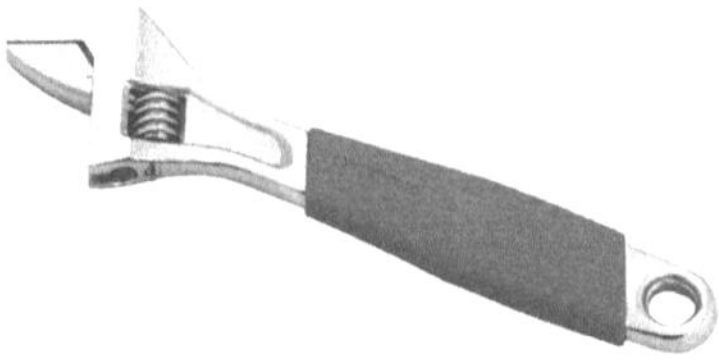

图 1-1　活扳手

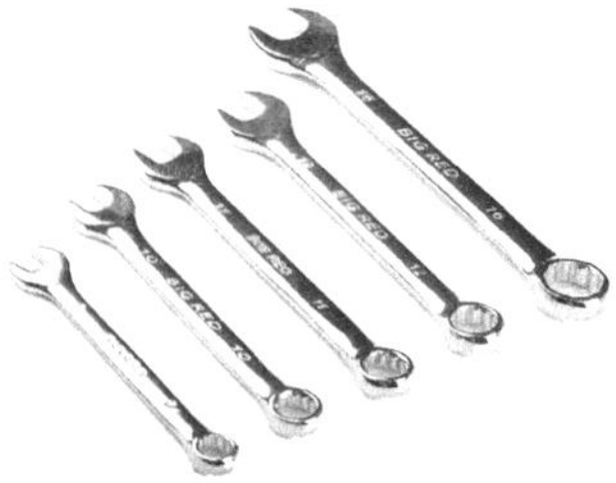

图 1-2　呆扳手和梅花扳手

（3）内六角扳手

内六角扳手(图 1-3)专门用于拆卸内六角螺钉。规格以内六角扳手的六边形对边尺寸表示,如2.5,4,5,6,8,10等。

(4) 套筒扳手

套筒扳手(图1-4)由套筒、连接件及传动附件等组成,套筒及附件规格有多种,一般放置在套筒扳手套盒内,可以组合配对使用。可用于紧固或拆卸六角螺栓、螺母。特别适用于空间狭小、位置深凹的工作场所。规格以适用的六角头对边宽度表示,如10,12等。每套件数有9,13,17,24,28,32等。

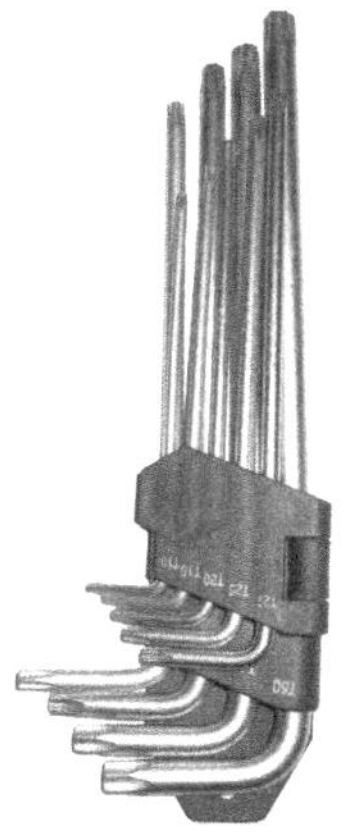

图1-3　内六角扳手

图1-4　套筒扳手

1.4.2　螺钉旋具类

螺钉旋具类工具(图1-5),俗称螺丝刀或起子,主要有一字槽螺钉旋具、十字槽螺钉旋具、内六角螺钉旋具。主要用于紧固或拆卸各种标准的一字槽、十字槽、内六角螺钉。

一字槽螺钉旋具规格以“旋杆长度×工作端口厚×工作端口宽”表示,如50×0.4×2.5。

十字槽螺钉旋具规格以旋杆槽号表示,如0,2,3,4等。

内六角螺钉旋具规格以产品名称、代号、旋杆长度、标准号组成。

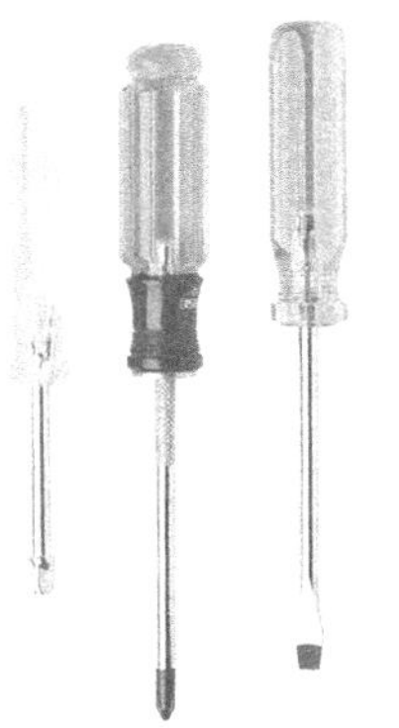

图1-5　螺钉旋具

1.4.3　手钳类

(1) 尖嘴钳

尖嘴钳(图1-6)用途非常广泛,适合在狭小工作空间内夹持小零件、切断或扭曲细金属丝。其规格以钳全长表示,如125,140,160等。

(2) 钢丝钳

钢丝钳(图1-7)用于夹持、弯折金属薄片、细圆柱形构件,切断金属丝等。规格以钳全长表示,如160,180,200等。

（3）管子钳

管子钳（图 1-8）主要用于紧固或拆卸金属管和其他圆柱形零件，是管路安装和修理工作中的常用工具。

规格以全长和最大夹持管径表示，如 150×20，表示全长 150，最大夹持管径 20。

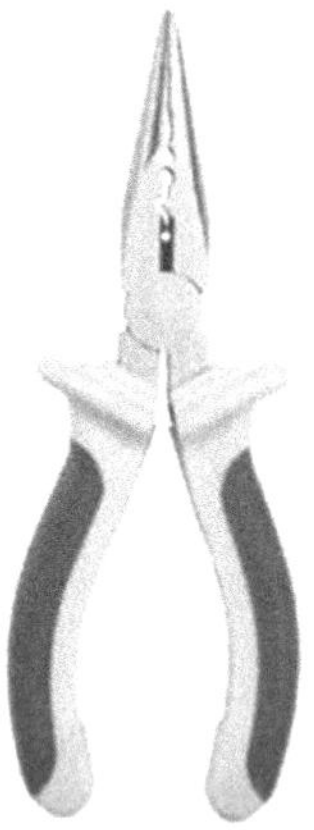

图 1-6　尖嘴钳

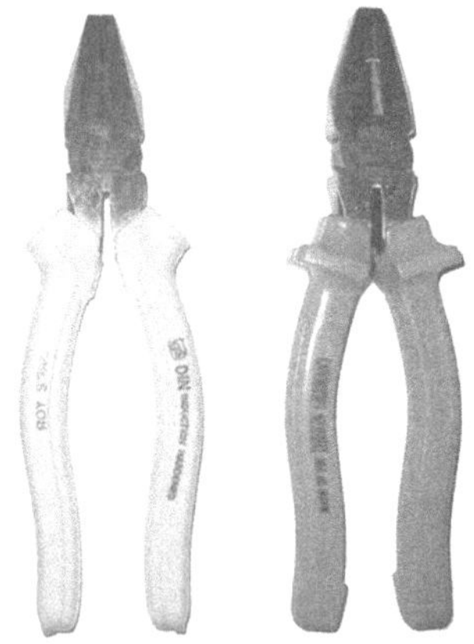

图 1-7　钢丝钳

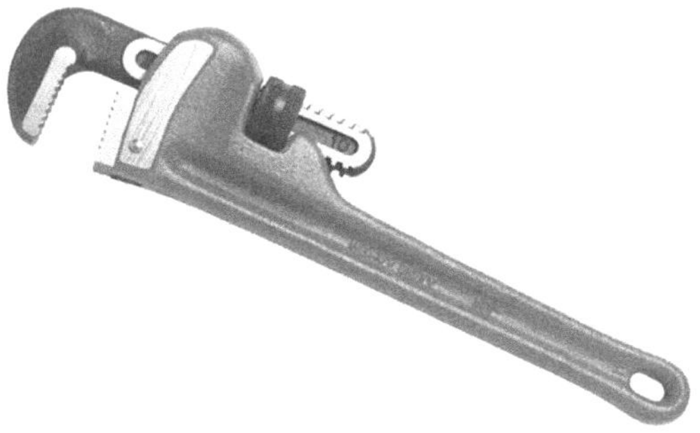

图 1-8　管子钳

1.4.4　拉拔器

（1）三爪拉拔器

三爪拉拔器（图 1-9）用于轴系零件上轴承、轮盘等零件的拆卸，因为这类零件与轴的连接常常比较紧密，配合一般采取过渡配合，手工拆卸较为困难，因此需借助于这类工具。

规格为三爪拉拔器的直径，有 160，300 等。

（2）二爪拉拔器

二爪拉拔器（图 1-10）的功能与三爪相同。规格为爪臂的长度，有 160，250，380 等。

两种拉拔器的应用如图 1-11 和图 1-12 所示。

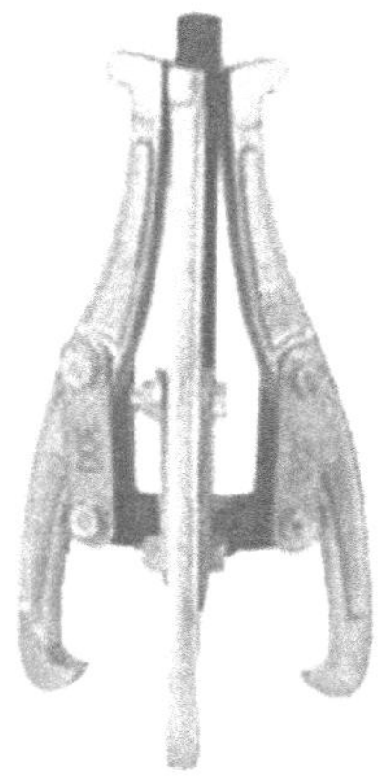

图1-9 三爪拉拔器

图1-10 二爪拉拔器

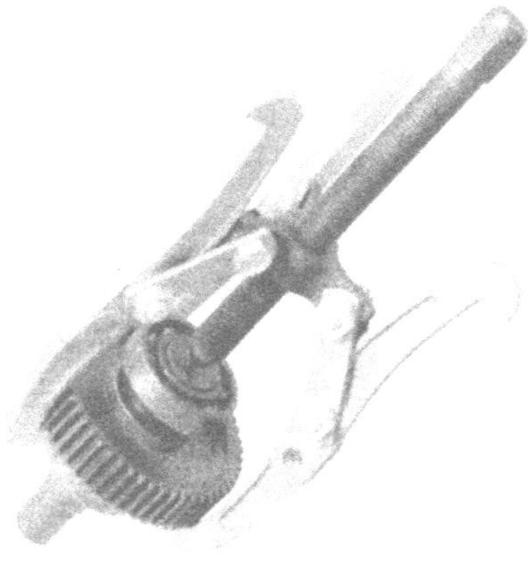

图1-11 三爪拉拔器的应用

图1-12 二爪拉拔器的应用

1.4.5 其他拆卸工具

其他拆卸工具还有各种锤子,如木锤、橡胶锤、铁锤,以及铜冲、铜棒等。

1.5 拆卸时要注意的问题

拆卸时要注意以下问题:

(1) 注意拆卸方法,文明拆卸

首先,要注意拆卸顺序,一般是按由外到内,由附件到主体的顺序进行。对于一时无从下手的机器,要查阅有关资料,或试着进行,切不可蛮干。

其次,对于连接紧密的零件,不可生敲硬打,以免损伤零件。对于有螺纹的地方,注意保护好螺纹,否则破坏了螺纹连接件,零件后续无法装配。

第三,可不拆卸的零件,尽量不要拆卸。若零件的结构已知,或可以在资料中查出的,或不用拆卸也可以画出零件图的,则可以不拆卸。对于易损零件,也可以不拆卸。

(2) 拆卸后的零件合理存放

拆卸时要注意记录零件的位置,可以通过编号、贴标签,或固定放置在某个位置、拍照等方法来记录。

对于较小的零件,如螺钉,注意不要丢失。

对于较大型或比较重的零件,注意安全摆放,不要放在容易掉落的地方,以免造成安全隐患,伤到自己或他人。

对于精度比较高的零件表面,要注意保护,不可用这些表面做放置的支撑面,以免损伤该零件表面。

(3) 工作时要注意安全

如果有电源的,要切断电源,防止触电事故。注意使用拆卸工具的安全性,不要伤及自己或同组的其他人。

1.6 常用测量工具简介

1.6.1 普通量具

(1) 钢直尺

钢直尺(图 1-13)由不锈钢薄板制成,分度值一般为 1 mm,可以用来测量线性尺寸,但精度较低。

图 1-13 钢直尺

(2) 卡钳

卡钳是间接量具,分为内卡钳、外卡钳,如图 1-14 所示。使用时必须与钢直尺等量具配合使用。图 1-15 是外卡钳测外径后,利用钢尺读取尺寸的方法。

图 1-14 内卡钳与外卡钳

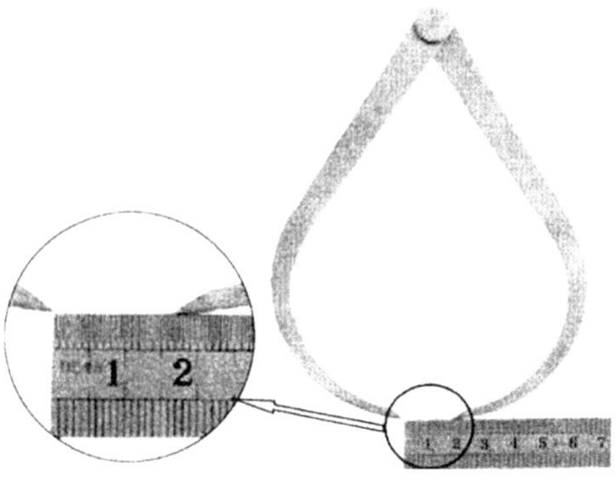

图 1-15 外卡钳测尺寸的方法

(3) 游标卡尺

游标卡尺(图1-16)是一种精度比较高的测量工具,可以测量直径、长度、宽度、厚度等,带有深度尺的卡尺还可以测量深度和高度尺寸。

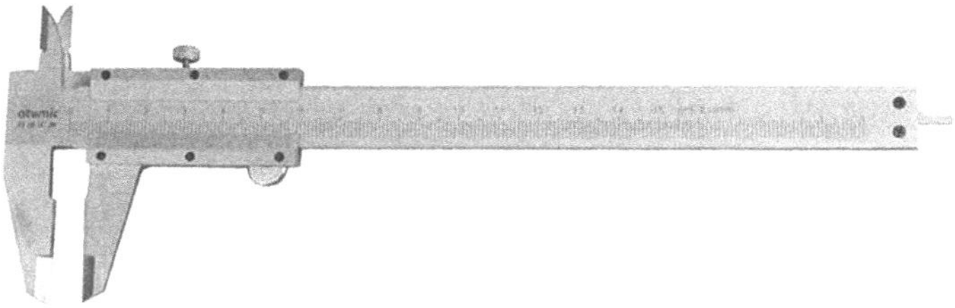

图1-16 游标卡尺

游标卡尺的种类很多,测量范围和精度也不一样,有0~125 mm,0~150 mm,0~200 mm,0~300 mm等,精度有0.1 mm,0.05 mm,0.02 mm三种。

游标卡尺的使用方法如图1-17所示。测量外尺寸(轴尺寸)时,用下部量爪;测量内尺寸(孔尺寸)时,用上部量爪;测量深度时,用右端的深度尺。

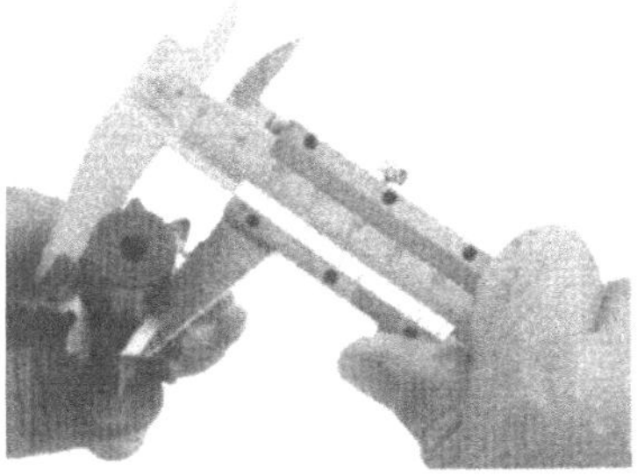

(a) 测量外尺寸

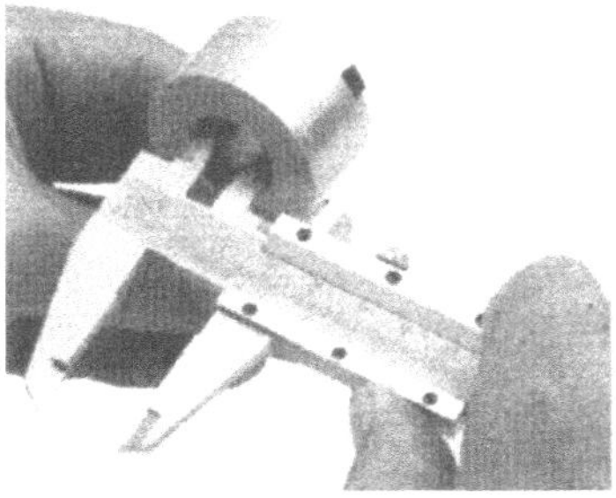

(b) 测量内尺寸

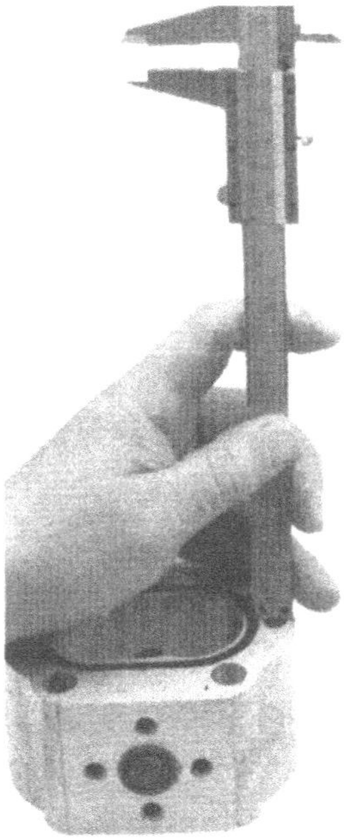

(c) 测量深度

图1-17 游标卡尺使用方法

如图1-18所示,以精度为0.02 mm的游标卡尺为例介绍游标卡尺的读数原理及方法:

游标上50个刻度相当于主尺上49 mm,即每个刻度间距为49/50 = 0.98 mm,也就是主尺1个刻度间距与游标1个刻度间距的差为0.02 mm。读数时先找到游标0刻度所对应的主尺上的整数值,再找到游标上与主尺上刻度线完全重合处,读出游标的读数值,两者相加即为最终读数。

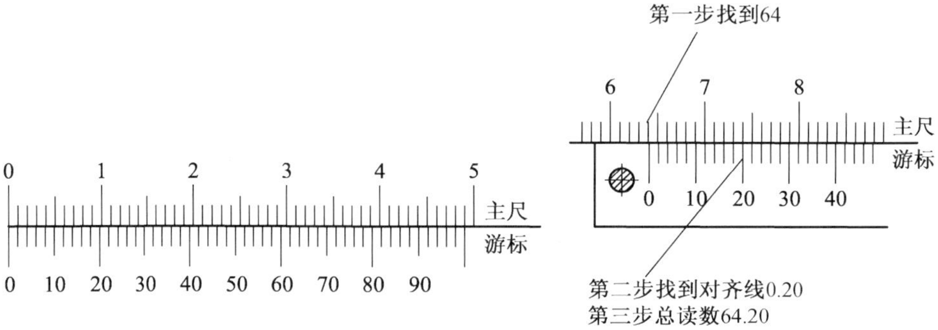

图 1-18　游标卡尺原理及读数方法

游标卡尺还有一种带有数显的,则读起来更为方便。

(4) 千分尺

千分尺种类也比较多,主要有外径千分尺、内径千分尺、公法线千分尺、深度千分尺等。此处只介绍外径千分尺和内径千分尺。

千分尺主要用于测量精密零件的尺寸,精度为 0.01 mm。

外径千分尺(图 1-19)的测量范围一般为 0 ~ 25 mm,为了扩大测量尺寸的范围,可以将弓形架做成各种规格。

外径千分尺的使用方法如图 1-20 所示。

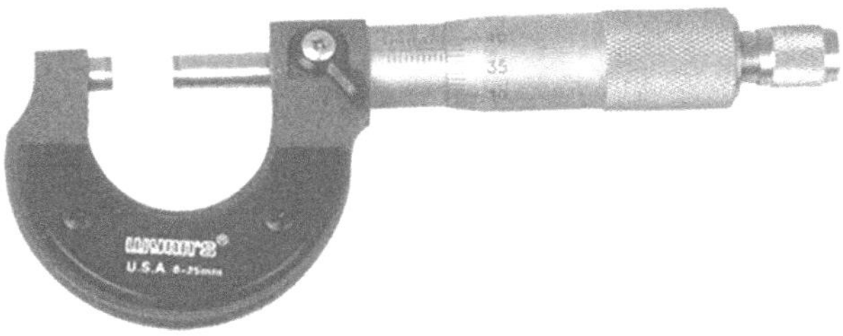

图 1-19　外径千分尺

图 1-20　外径千分尺的使用方法

千分尺的读数方法如图 1-21 所示。先读出固定套筒上的尺寸数值,注意不要忘记读出含有 0.5 的尺寸,如图 1-21 b 中的 34.5。再读取活动套筒上的尺寸数值,将读取值乘以 0.01 与前面数值相加,即为最终尺寸数值。

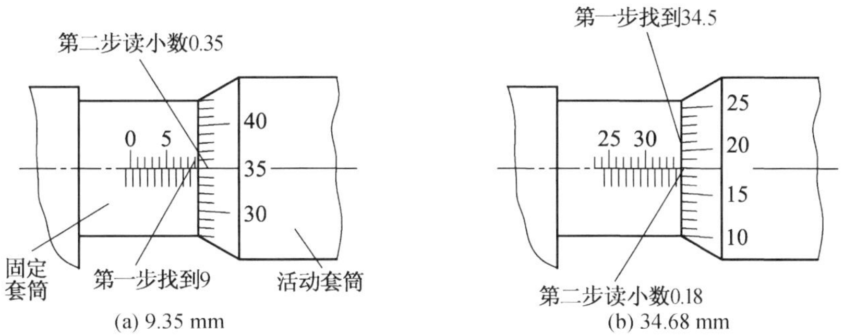

图1-21 千分尺读数方法

内径千分尺(图1-22)的最小测量内径为50 mm,通过在尺头上接入长杆,可以测量的最大内径为5 000 mm。

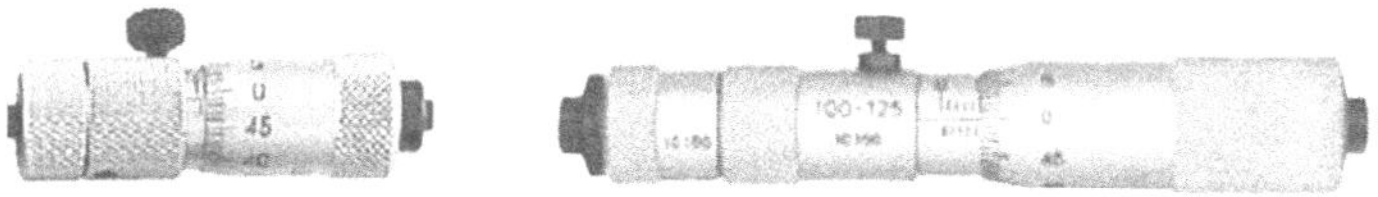

图1-22 内径千分尺

内径千分尺的使用方法如图1-23所示,读数方法与外径千分尺相同。

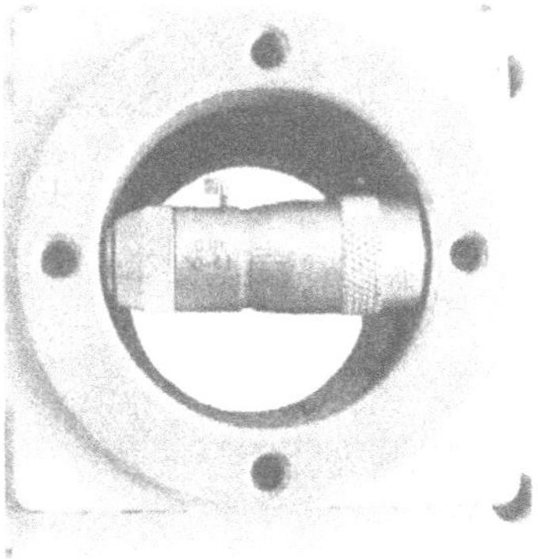

图1-23 内径千分尺的使用方法

(5) 百分表和千分表

百分表和千分表也是一种测量长度的工具,其样式如图1-24所示。百分表精度为0.01 mm,其测量范围在0～3 mm,0～5 mm,0～10 mm。千分表精度更高,精度为0.001 mm,测量范围在0～1 mm,0～2 mm,0～3 mm,0～5 mm。

使用时需安装在表架上,其原理是将测量杆的直线移位变为指针的角度移位显示出来,最终通过表盘的刻度读出来。

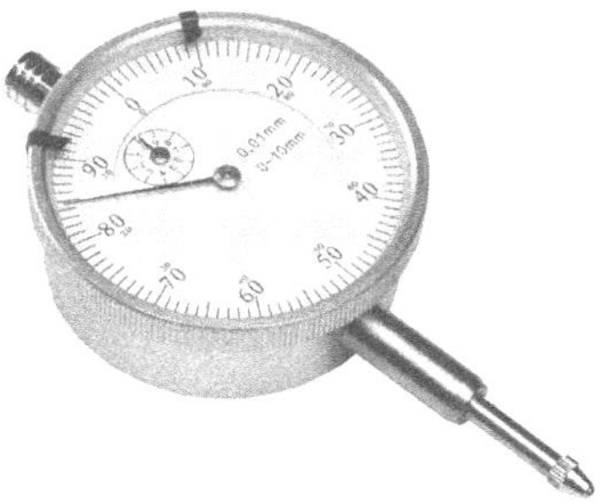

图1-24 百分表

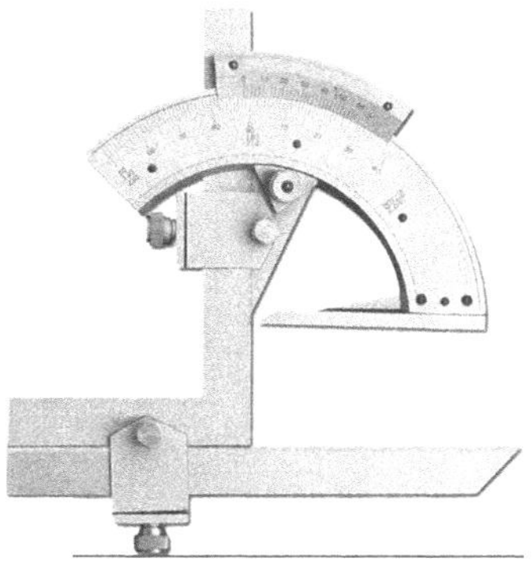

图1-25 万能角度尺

(6) 万能角度尺

万能角度尺又称为万能量角器,是一种专门用来测量精密零件内、外角度的量具。其结构如图 1-25 所示,扇形主尺可以在直角卡块上沿着一条直角边上下移动,也可以随着直角卡块水平移动。通过各种组合可以测量各种角度。

其测量范围一般为 0°~320°,精度为 2′和 5′两种。

1.6.2 特殊量具

(1) 量块

量块(图 1-26)又称块规,是用耐磨材料制造的长方形金属块。成套量块包括一定数量不同尺寸的量块。量块的工作面都做得非常平整光洁,多个量块工作面贴合并加力推研,可组成更大的量块,形成需要的尺寸。

由于量块的精度非常高,因此常用它来校准、验定量具,或在对精密机床进行调整,精密零件加工时,进行验定。

图 1-26 块规

(2) 角尺

角尺(图 1-27)的测量面与基面相互垂直,可用于精确地检验零件的直角、垂直度和平行度的误差,也可以作为垂直画线的工具。

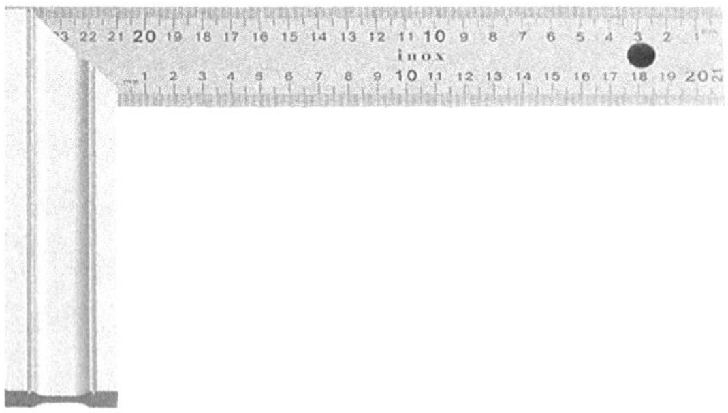

图 1-27 角尺

(3) 环规和塞规

环规可以用来检验外螺纹、圆柱的各几何参数的综合结果是否合格。图 1-28 所示为检验外螺纹的环规,称为螺纹环规。

环规分通规、止规两种，通规较厚，止规较薄。检验时，螺纹柱或圆柱在通规中通过，在止规不能通过的为合格。

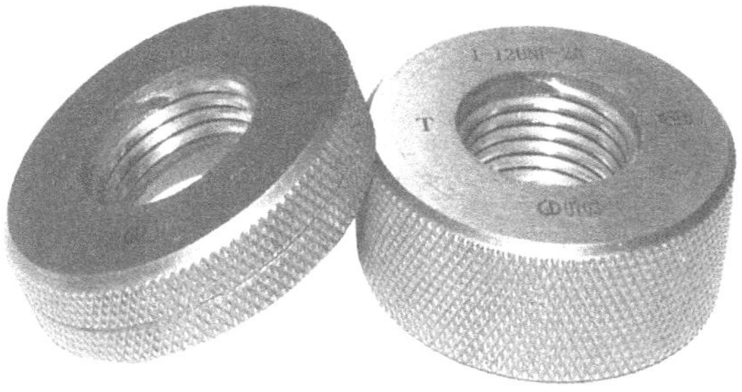

图 1-28 螺纹环规

塞规可以用来检验螺纹孔或圆柱孔的各几何参数的综合结果是否合格。图 1-29 所示为整体式塞规，塞规两端一端是通规，一端是止规，厚的一般是通规，薄的是止规。检验时也是通规端能够通过，而止规端不能通过为合格。

塞规也可以做成分体式，即通规与止规各自独立。

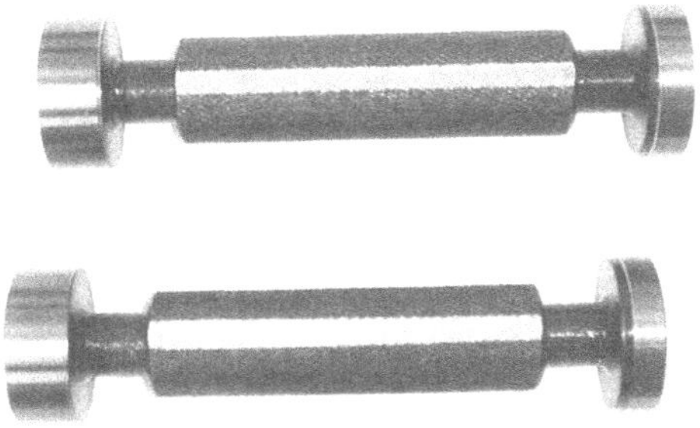

图 1-29 塞规

（4）样板和样块

螺纹样板，又称螺距规或螺纹规。它是以“比较”的方法测定螺纹的螺距的。如图 1-30 所示，螺纹样板由许多不同螺距的金属片组成，每一片的厚度为 0.5 mm。

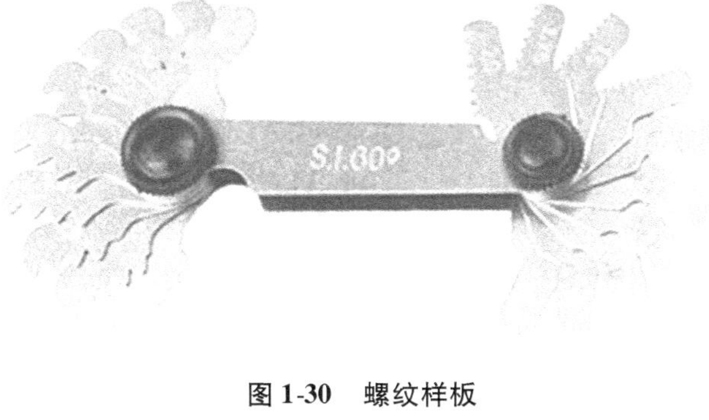

图 1-30 螺纹样板

检测时先估计被测螺距的大小，再找出与被测螺距大致相同的螺纹样板，使之和被测螺纹进行比较，直到找到完全吻合的螺纹样板为止，则该片样板的螺距数值就是被测螺纹的螺距。

半径样板,又称半径规或 R 规,有凸形、凹形两种,如图 1-31 所示。其使用方法与螺纹规相似。

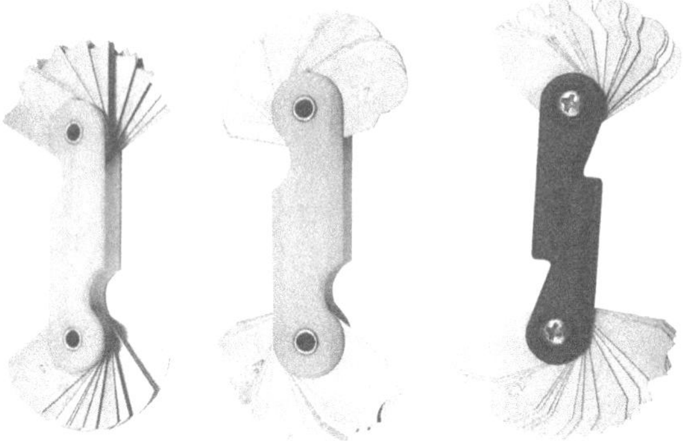

图 1-31　半径样板

表面粗糙度轮廓比较样块(图 1-32)是用比较法评定工件加工后表面粗糙度轮廓的一种量具,它的表面刻有具体的表面粗糙度轮廓值。

比较时,所用样块要与被测工件的加工方法相同,样块按加工方法不同可分为铸造、磨、车、镗、铣、插及刨加工、电火花加工、抛光、喷砂。

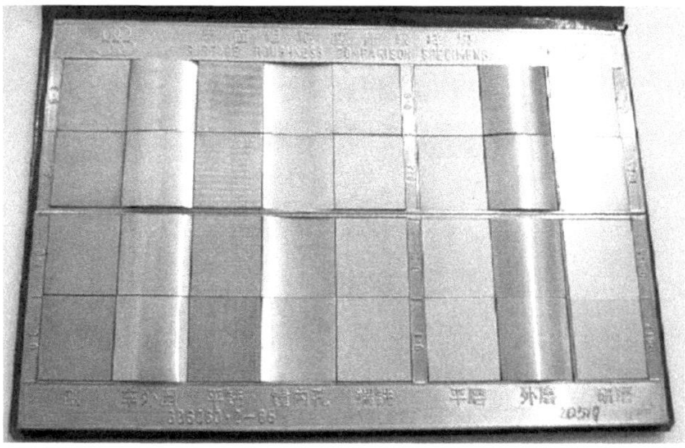

图 1-32　表面粗糙度轮廓比较样块

(5) 塞尺

塞尺又称厚薄规、间隙规,可以用来检测两相邻零件表面间的间隙大小,它是由多个不同厚度的金属薄片组成,每个薄片上印着厚度尺寸数值,如图 1-33 所示。

检测时,根据间隙大小的估计值,以接近的薄片插入试验,刚好插入者,其厚度为所测间隙的大小。间隙大的可以用多个薄片同时插入检测。

图1-33 塞尺

1.6.3 三坐标测量机

三坐标测量机(图1-34)是20世纪60年代发展起来的,由计算机、光栅或激光等新技术集成的新型机电一体化测量设备。它不仅能完成多种复杂的测量,而且可以与数控机床交换信息,实现对加工的控制,也可以根据测量的数据,实现反求工程。

限于本书的篇幅,在此不多做介绍。

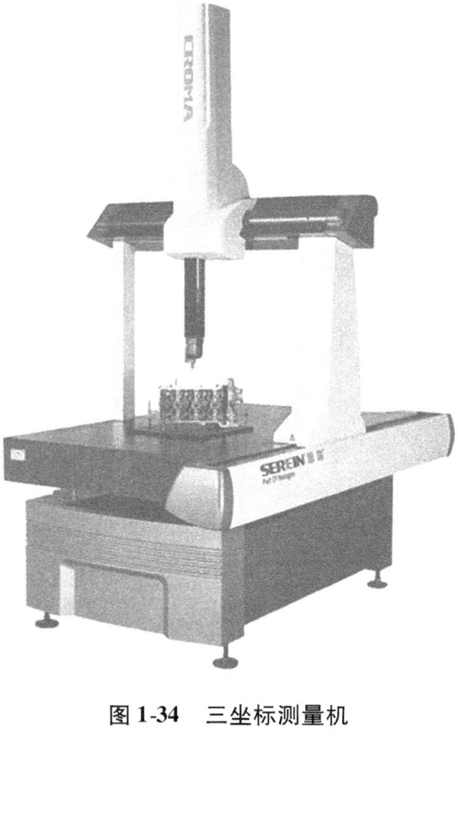

图1-34 三坐标测量机

1.7 常用测量方法与技巧

本节介绍的测量方法，仅以教学测绘为对象，以钢尺、内外卡钳、游标卡尺、千分尺等几种常用的测量工具为条件。

以下介绍的尺寸测量中，有些尺寸可以通过直接测量的方法得出，如轴的直径；有些尺寸无法直接进行测量，而需要通过间接测量的方法得出，如孔的中心高。

1.7.1 长度尺寸的测量

长度尺寸可以用钢直尺、游标卡尺、千分尺直接量取，也可以用内、外卡钳进行辅助测量。

1.7.2 内、外直径的测量

外卡钳可用来测量外径，测量方法如图 1-35 a，b 所示；内卡钳可用来测量内径，测量方法如图 1-35 c，d 所示。

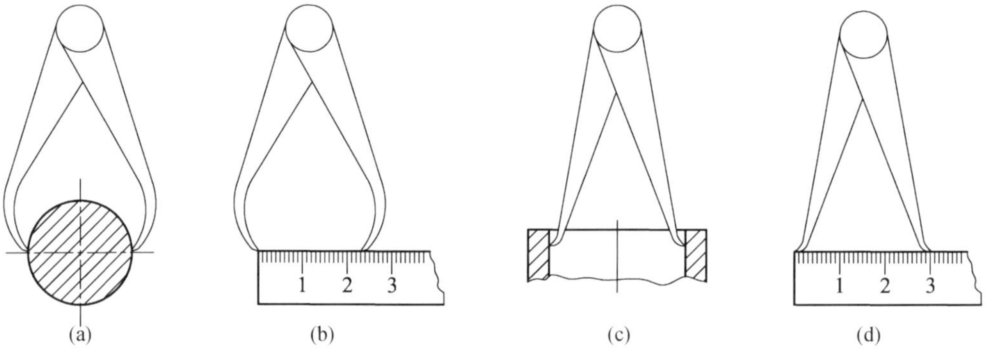

图 1-35 内、外径的测量

1.7.3 半径的测量

对于零件上小于整圆的圆弧形结构或比较大的圆角结构，只能采取间接测量的方法。测量方法有很多，譬如借助 V 形铁或量块和圆棒等进行测量，此处只介绍拓印法（又称作图法）。

如图 1-36 所示，用拓印法测量半径时，首先将零件上圆弧部分拓印在纸上，或用笔描在纸上，然后在图上任意确定三点 A，B，C，连接点 A，B 得线段 AB，连接点 B，C 得线段 BC，作 AB，BC 的垂直平分线，找出圆弧的圆心 O，然后再测量出半径的尺寸。

对于半径过大的圆弧，找圆心不那么方便，可以采用坐标法，即求出弧线上若干点的坐标。

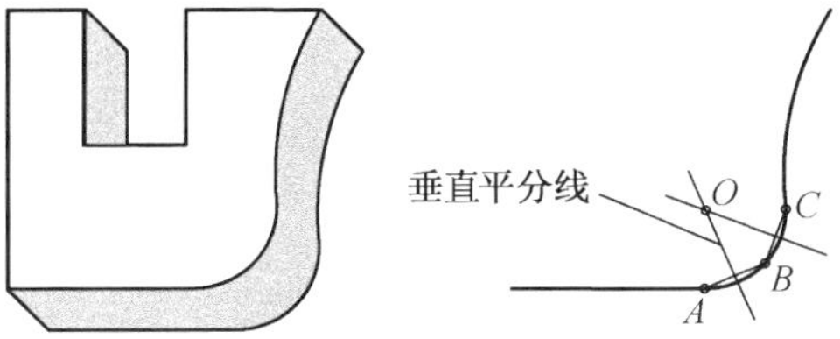

图 1-36 拓印法测量半径

1.7.4 圆角的测量

对于零件上的圆角,较好的方法是利用圆角规测量。在无圆角规的情况下,考虑到零件表面圆角主要是铸造圆角,可以根据铸造圆角的知识,在简单测量的基础上,参照有关国家标准进行确定,部分标准参见附录。

1.7.5 壁厚的测量

壁厚可以用带深度尺的游标卡尺或钢直尺,结合卡钳来进行测量,如图 1-37 所示。

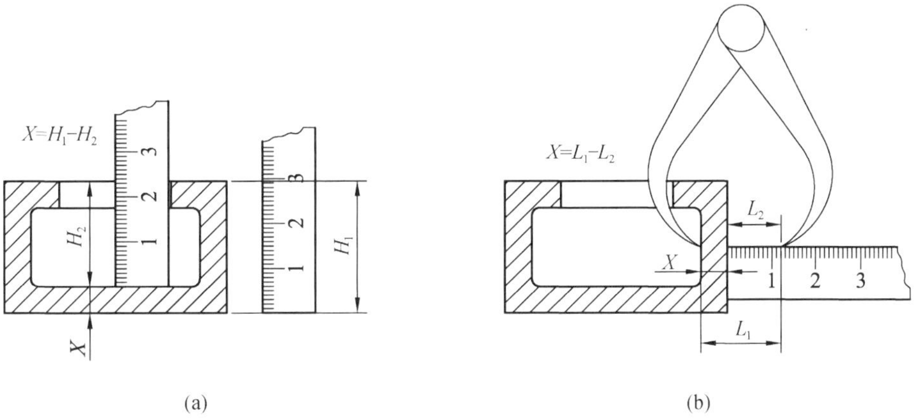

图 1-37 壁厚的测量

1.7.6 孔中心距的测量

如图 1-38 所示,测量孔中心距可用外卡钳测出两孔孔壁最近处的距离 K,则孔中心距 $D=K+d$,d 为孔的直径;也可以用内卡钳测出两孔同侧壁的间距 L,则孔中心距 D 就等于 L。

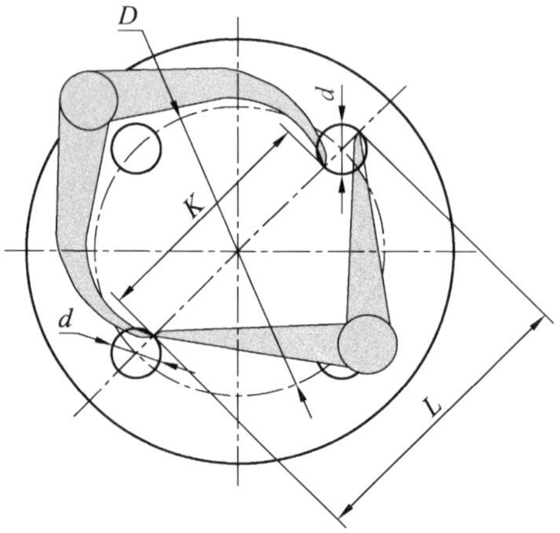

图 1-38　孔中心距的测量

1.7.7　中心高的测量

如图 1-39 所示，利用外卡钳和直尺，分别测出直径 D 和高 H_1，通过简单的计算即可得出中心高 H 的尺寸。除此之外，还有多种方法通过测出不同位置的尺寸，再经过简单的计算得出所需的尺寸。

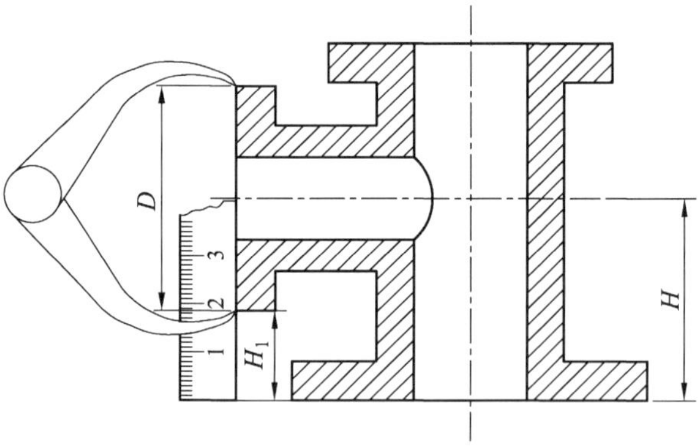

图 1-39　中心高的测量

1.7.8　螺纹的测量

零件上经常有螺纹结构，测量螺纹主要是确定外螺纹的大径和内螺纹的小径、线数、旋向、螺距，测量方法如下：

（1）外（内）螺纹的大径（小径）可以用测直径的方法去测量。

（2）螺纹的线数和旋向可以用目测、手摸的办法确定。

(3) 螺距在没有螺纹规的条件下,可以将螺纹压印在纸上,量取数个压印的长度后,除以印记的数量,即得出螺距的近似值,如图 1-40 所示。

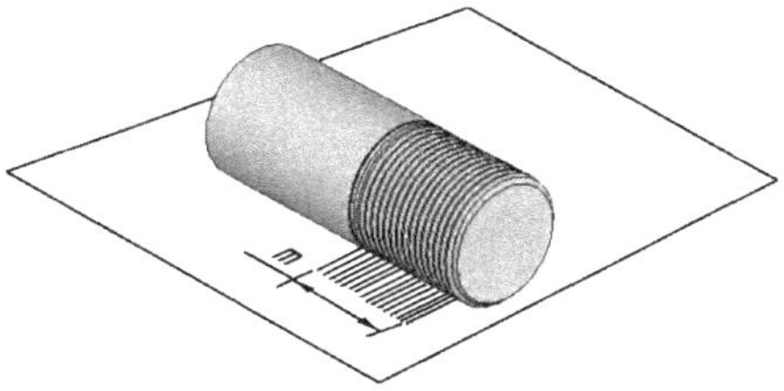

图 1-40 螺距的测量

在量出这些尺寸后,再查取本书附录螺纹标准或机械手册,找到与此最接近的数值,定出螺纹的标记。

对于是何种螺纹,如是管螺纹还是普通螺纹,应根据螺纹的实际形状和在零件上的作用来定。

1.7.9 齿轮的测量

这里主要介绍标准直齿圆柱齿轮的测量方法。

测量齿轮主要是确定模数 m 和齿数 z,其他所需尺寸可由相关公式计算出来。

(1) 齿数 z 可以直接数出来。

(2) 齿顶圆直径 D 可以直接测量或间接测量出来。对于偶数齿的齿轮,齿顶圆直径 D 可以直接量出,如图 1-41 a 所示;对于奇数齿的齿轮,可先测出齿顶到轴孔的距离 e,然后计算得出齿顶圆直径 $D=2e+d$,如图 1-41 b 所示。

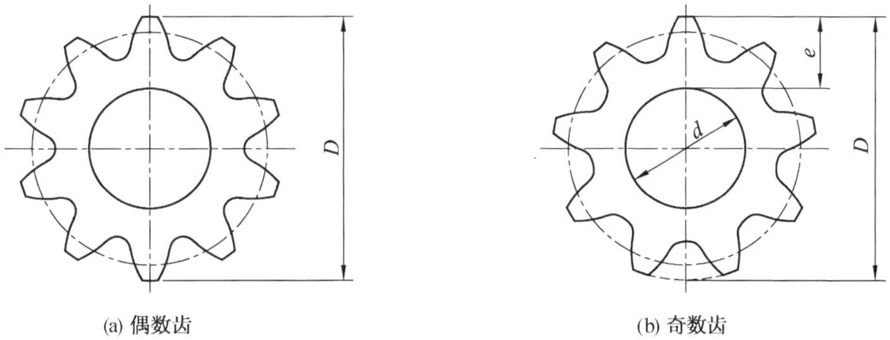

图 1-41 偶数齿和奇数齿齿轮

(3) 根据齿顶圆直径 $D=m(z+2)$,可计算出 $m=D/(z+2)$,再查本书附录 19"渐开线圆柱齿轮模数系列(GB/T 1357—2008)"选取与之最接近的模数值。根据 m 和 z,再计算出分度圆直径、齿顶圆直径、齿根圆直径。

1.8 测量尺寸的圆整

测量出的尺寸，由于有各种误差的存在，如制造误差、使用磨损、测量误差等，已经不是原设计的尺寸，需要根据实测的尺寸，推断出原设计尺寸，这个过程称为尺寸圆整。

圆整后的尺寸便于在加工时采用标准化的刀具、量具和标准化的配件，提高劳动生产率，降低成本。

尺寸圆整包括确定公称尺寸和尺寸公差两方面的内容。尺寸公差的确定需要较多的机械设计和制造的专业知识，超出了本书的内容范围。本书采取的做法：一是有配合关系的零件，其配合尺寸的公差直接由指定的配合关系得出，如图 3-1 所示即为减速器各部的配合关系；二是在指导书中的零件技术要求中直接给出。学生应能够根据配合代号查出尺寸的上下偏差，并正确地标注在图纸上。

公称尺寸的圆整采取数值优化的方法。优先数和优先数系就是数值优化的一种科学数值制度。附录 20 为国家标准"优先数系的基本系列（GB/T 2822—2005）"，它规定的优先数系是以 $\sqrt[5]{10}$，$\sqrt[10]{10}$，$\sqrt[20]{10}$，$\sqrt[40]{10}$，$\sqrt[80]{10}$ 为公比的近似等比数列，分别用符号 R5，R10，R20，R40，R80 表示，称为 R5 系列、R10 系列……。其中，R5 系列、R10 系列、R20 系列较为常用。

具体应用方法如下：

例如，实测一个孔和轴，得到孔的尺寸为 ϕ25.012 mm，轴的尺寸为 ϕ24.978 mm，查附录 20 知，R10 系列的 25 mm 最接近实测值，因此确定其公称尺寸为 ϕ25 mm。

如果尺寸不需要采取标准化的数值，圆整时可以采用"四舍六入五单双"的方法，即尾数删除时，逢四及以下舍掉，逢六及以上进一，遇五则以保证所得数应为偶数来确定是舍还是入。例如 18.6 应圆整为 19，24.3 应圆整为 24，24.5 和 23.5 均应圆整为 24。

1.9 草图的画法及要求

草图是采取徒手的方式，不借助丁字尺、三角板、圆规等尺规绘图工具，只凭借铅笔、橡皮来完成的机械图样。

徒手绘草图的能力是一种很重要的表达能力，在任何时代对工程技术人员来讲都是一项重要的基本功。工程技术人员不但在测绘时需要，在交流、构思时也需要草图。

绘草图需要了解一些绘图方法，更重要的还是要多练习。

1.9.1 草图绘制方法

（1）绘直线

绘直线时，应将眼睛瞄准笔端的起点至运笔的终点，而不是只注意笔尖处。对于长线段，一次很难画直，可以分成若干段来画，段与段之间留有一个很小的空隙。

（2）绘圆及圆弧

将圆或圆弧绘得很圆往往是非常难的，需要大量的练习。掌握一些小的技巧，对于绘制要方便许多。

如图1-42所示，绘圆时可以先绘制一个正方形的草图，并将对边中点连接，一个正方形就变成了4个小的区域，对于每一个小的区域，通过试画，画出大致的1/4圆弧，然后再画出完整的圆。

绘制圆还可以借助于两支铅笔，一支用作圆规的针尖，一支用作圆规的铅芯。用一只手握住两支铅笔，像圆规一样立在图纸上，然后用另一只手转动图纸，即可画出一个很准确的圆，如图1-43所示。

绘制圆的另一种方法是借助于绳子或带子，一只手的手指将绳子一头按在图纸上作圆心，另一只手握住绳子另一头与铅笔做圆周运动转动画出圆，如图1-44所示。

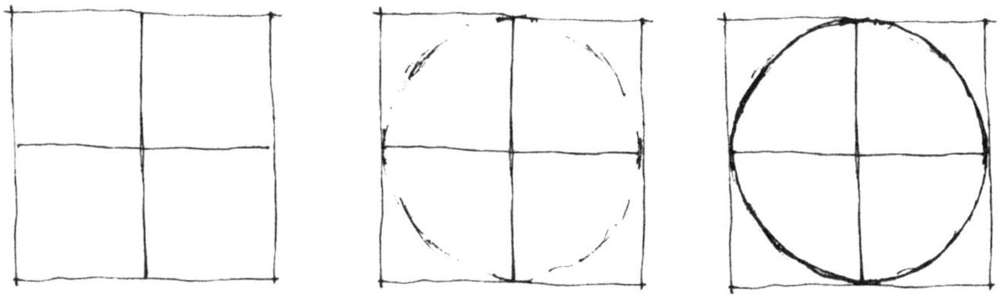

图1-42　徒手绘圆方法之一

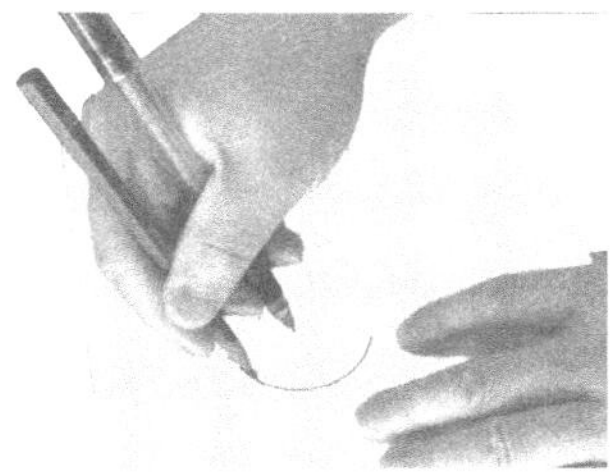

图1-43　徒手绘圆方法之二

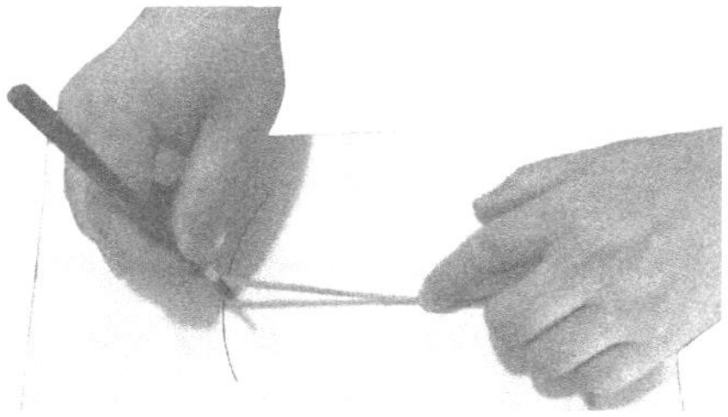

图1-44　徒手绘圆方法之三

（3）绘制整个图样

绘制整个图样的关键是要把握好比例，如果细节画得不错，但比例失调，也是失败的。绘图的大体步骤如图1-45所示。

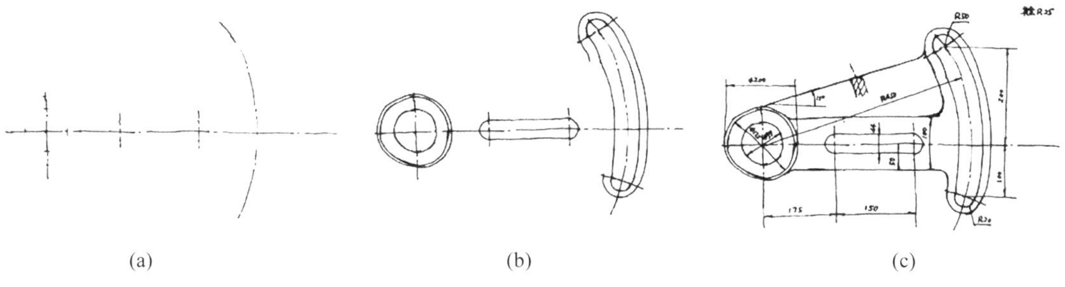

(a)　(b)　(c)

图1-45　徒手绘图样

1.9.2 草图绘制要求

草图不能理解为“潦草的图”,它只是为了达到快捷的目的省去了绘图工具的使用,省去了对图线的过高要求,而对于其他要求(如技术要求等)则与相应的零件图、装配图相同。

草图是绘制零件图的依据,因此它的好坏影响零件图的质量,需要有一些规范,具体要求如下:

(1) 草图在表达方法上,如视图、剖视等选择上,与正规图样应一致。因此在绘制前,要仔细分析零件结构,构思表达方案,并考虑好图纸上的布局。

(2) 绘制时可以采用方格纸或坐标纸绘制,图纸的大小以不大于 A3 为宜,过大不便操作,因为草图经常是在测绘工作场所完成的。

(3) 一般一个零件一张图纸,对于较小、较简单的零件,可以将 A3 坐标纸或方格纸画线,一分为二,变为两个 A4 绘图区,分别画标题栏,绘制两个零件。

(4) 绘制零件或装配体时,以目测估计零件的大小,以合适的大小画在图纸上,不需要通过比例换算,但要正确地表达零件之间的结构、装配关系,注意零件上各部之间的大致比例关系,不要画得变形、失真过大。

(5) 标注尺寸要注意字体规范,数字不能潦草,各种符号要标识清楚。

1.10 图纸折叠方法

下面以 A3 号横式幅面为基准,介绍 A1,A2 号图纸折叠成 A3 号幅面大小的方法。

1.10.1 A2 号图纸折叠成 A3 幅面的方法

(1) 标题栏在图纸的长边上,折叠方法如图 1-46 所示。

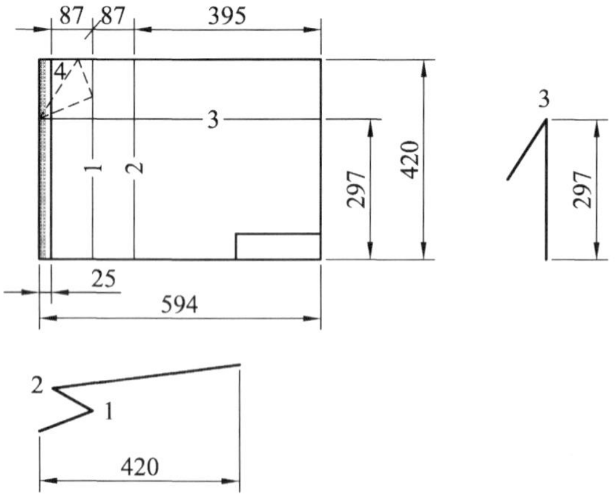

图 1-46 A2 折成 A3 之一

（2）标题栏在图纸的短边上，折叠方法如图 1-47 所示。

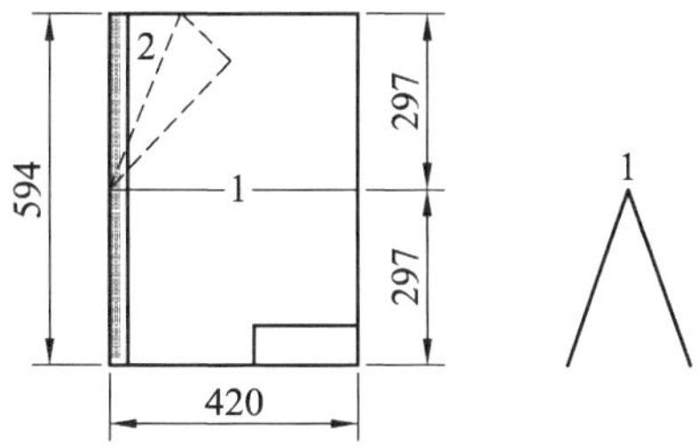

图 1-47　A2 折成 A3 之二

1.10.2　A1 号图纸折叠成 A3 幅面的方法

（1）标题栏在图纸的长边上，折叠方法如图 1-48 所示。

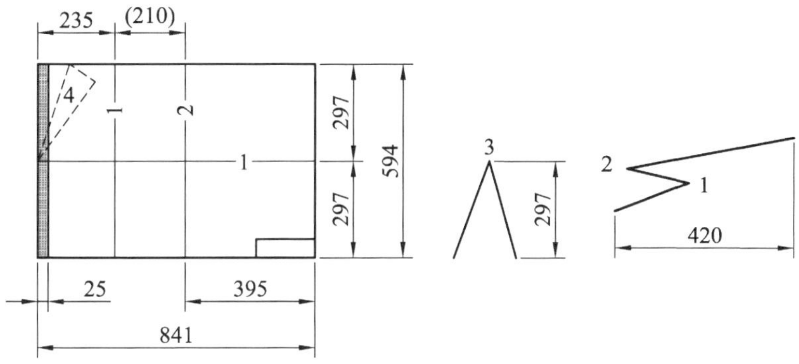

图 1-48　A1 折成 A3 之一

（2）标题栏在图纸的短边上，折叠方法如图 1-49 所示。

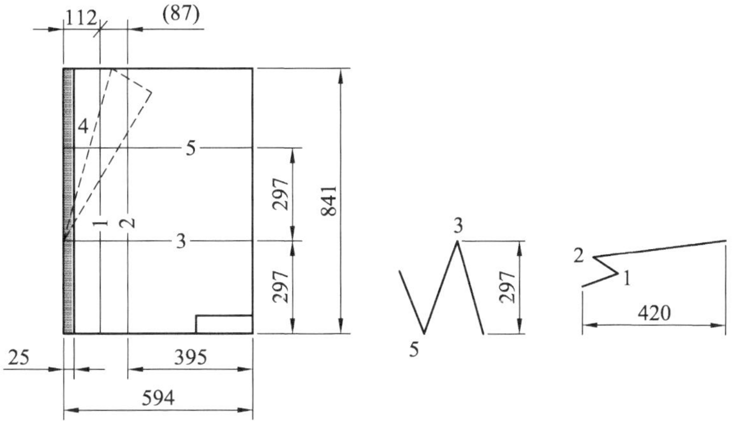

图 1-49　A1 折成 A3 之二

第 2 章

减速器功能与结构

2.1 减速器的功能

减速器是一种常用的减速装置，它工作在原动机与工作机之间，通过改变原动机的转速和转矩，为工作机提供合适的速度和动力。

减速器的种类很多，按传动类型可分为齿轮减速器、蜗轮蜗杆减速器、行星齿轮减速器等；按传动的级数可分为单级、双级、多级减速器。一级减速器或称单级减速器，是最简单的一种减速器，它通过一对不同齿数的齿轮啮合传动，从而达到降低转速的目的。转动速度的大小与齿数成反比，传动比 $i = n_1/n_2 = z_2/z_1$。

2.2 减速器的结构

2.2.1 总体结构

减速器由箱体、轴系和附件组成，其总体结构如图 2-1 所示。箱体分为上箱体（机盖）和下箱体（机体）；轴系分为主动轴系和从动轴系；附件包括窥视（视窗）与通气装置、起吊装置、检查油位装置（油尺）、排油装置（螺塞）、定位销、启盖螺钉、连接螺栓。

附件的作用：

（1）连接螺栓连接机盖与机体，方便装配与拆卸。

（2）启盖螺钉的作用是辅助开启机盖，通过旋转螺钉，顶开机盖。

（3）定位销是圆锥销。安装轴承的两个半圆形轴承孔是机盖与机体连接在一起同时加工而成的，加工时需要用定位销精确定位。

（4）排油装置的作用是方便排掉机体中的润滑油。减速器齿轮在工作时是采用浸油润滑，在机体下部存放了一定高度的润滑油，大齿轮一部分浸在油中，转动时可把油带到啮合表面，起到润滑作用。同时通过飞溅，将油溅到轴承上，也可以起到润滑作用。当油需要更换的时候，可以打开排油装置即螺塞放掉机体中的油。排油孔一定要低于机体油池底面，便于放尽油泥。

（5）检查油位装置是通过取出插进机体上斜孔的油尺检查油池中油的深度的。

（6）起吊装置的作用是便于起吊和运输。

（7）窥视与通气装置的作用有两个，一是通过透明的有机玻璃圆盖，观察齿轮的磨损情况和机体中油量的多少以判断是否需要加油；二是通过旋开透气塞排出箱体内部由于发热产生的膨胀气体。

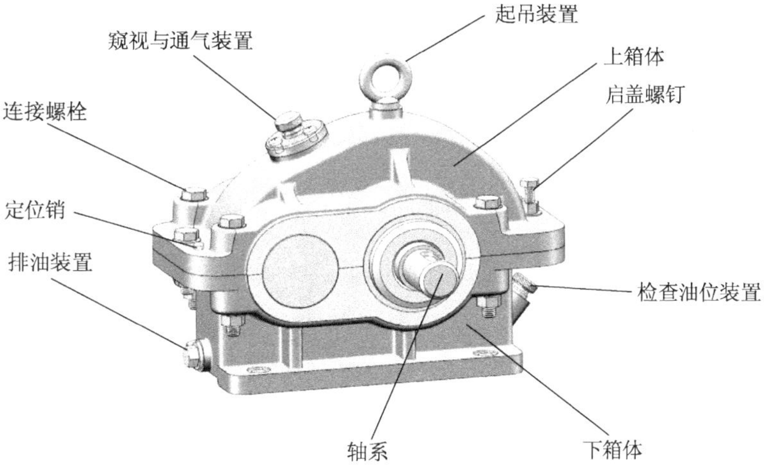

图 2-1　减速器总体结构

2.2.2　各部分结构

1. 箱体结构

箱体上的结构主要有加强肋、凸缘、凸台与凹坑、箱体内腔、铸造圆角、底面结构、螺栓通孔、销孔，如图 2-2 和图 2-3 所示。

加强肋的作用是增加机盖与机体的轴承座处的连接强度，提高其承载能力。

凸缘的作用是增加机盖与机体的连接接触面积，提高其连接刚度，同时方便在上面钻有螺栓孔和定位销孔。

凸台与凹坑处在螺栓、螺钉连接处，用于提高其与机盖、机体的接触表面的精度，保证连接可靠，减小加工面积。

箱体内腔的作用是容纳两个变速齿轮，存放润滑油。大齿轮应有一部分浸入油池中，油池必须要有一定的深度。

机体底面通槽的作用是减少加工面积。

铸造圆角、拔模斜度、螺栓孔、销孔等结构的作用在相关机械制图教材中都有过介绍，此处不再赘述。

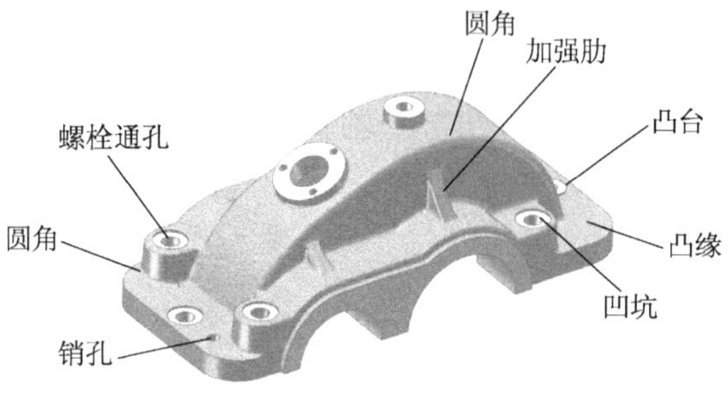

图 2-2　机盖结构

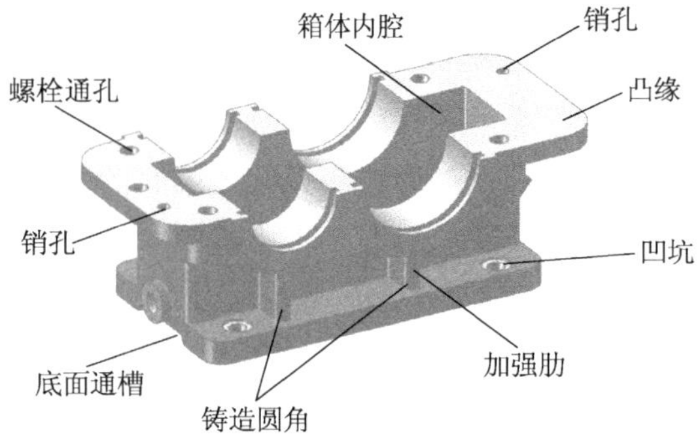

图 2-3　机体结构

2. 轴系结构

减速器的轴系分为主动轴系和从动轴系，如图 2-4 所示。

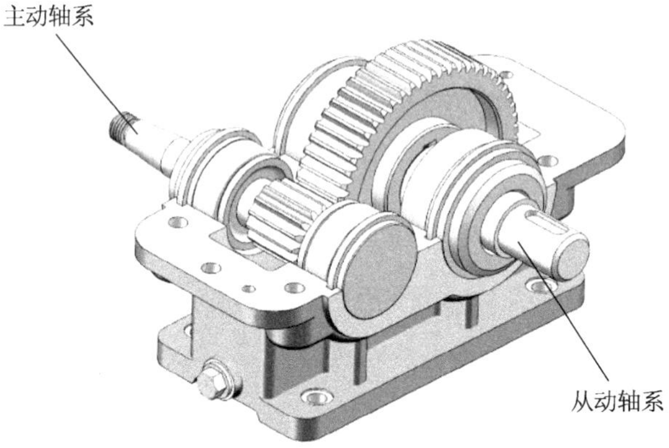

(a)

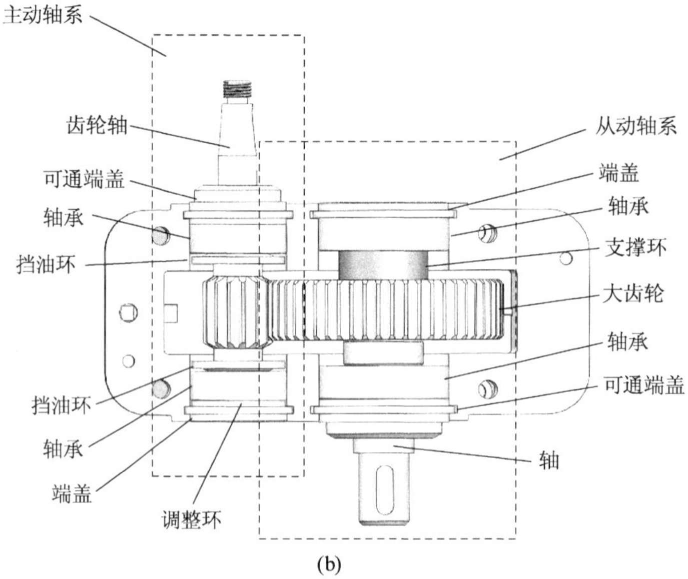

(b)

图 2-4　两大轴系结构

（1）主动轴系

如图 2-4 和图 2-5 所示，主动轴系由齿轮轴、滚动轴承、挡油环、调整环、端盖、可通端盖组成。

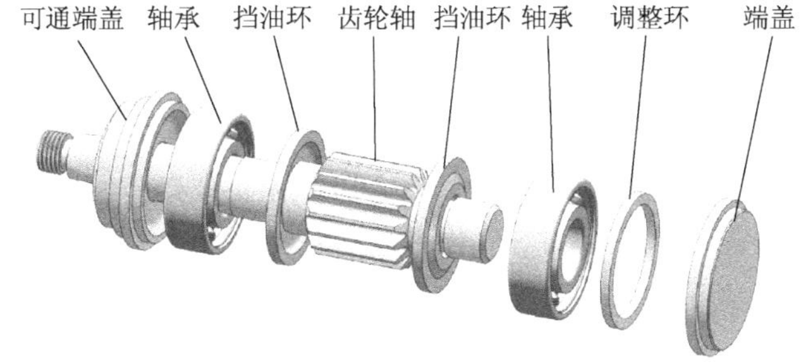

图 2-5　主动轴系

可通端盖与端盖嵌入机体上的环槽内，不用螺钉固定，方便安装。端盖的作用是防止减速器外的异物进入其内部，同时也防止减速器内的润滑油泄漏到外面，影响使用。

挡油环的作用是防止飞溅润滑时，过多的油进入轴承内。

齿轮轴上的齿轮与轴是一个整体。

轴承由于不受轴向力，采用的是向心球滚动轴承。

调整环的作用是因为 8 个零件装配时轴向间隙可能会有累积误差，通过调整调整环的厚度，可使轴向间隙达到技术要求。

（2）从动轴系

如图 2-4 和图 2-6 所示，从动轴系由大齿轮、轴、滚动轴承、支撑环、端盖、可通端盖组成。

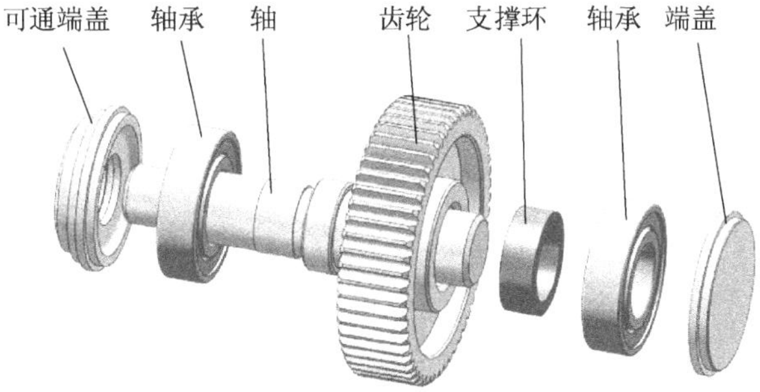

图 2-6　从动轴系

可通端盖与端盖的作用与主动轴系中的相同。

支撑环的作用是在齿轮与轴承之间起支撑、定位和传导的作用。

齿轮与轴采用分体式，齿轮的周向定位以键连接的方式实现，其轴向定位通过轴肩与支撑环实现。

第 3 章 减速器测绘

3.1 减速器的配合要求

根据减速器功能及零件的作用,为达到一定的技术要求,某些零件之间需要具有某种配合关系,即间隙配合、过渡配合和过盈配合。测绘时需要确定零件之间的配合关系,配合关系的确定要熟知各种配合的特性及应用情况,要根据配合零件的工作状态、承受负荷情况、磨损情况、装配情况及配合部位在工作过程中的作用等,而且有时还要结合机械设计知识才能加以正确判定。

由图 3-1 可知,减速器中主要的配合有从动轴齿轮与轴的配合、轴承与轴的配合、轴承与座孔的配合、端盖与座孔的配合等。

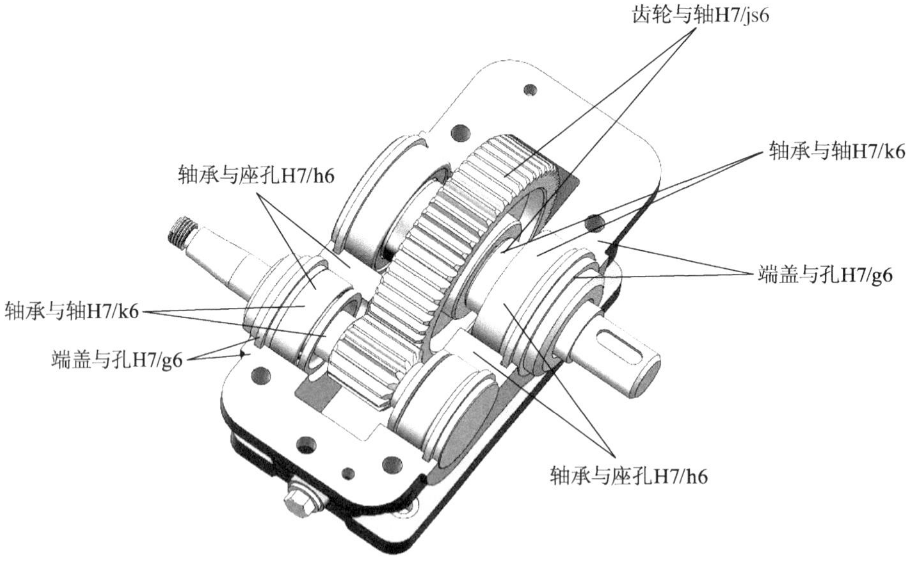

图 3-1　减速器配合要求

(1) 从动轴齿轮与轴的配合

为传递动力采取键连接,两者应无相对转动,并能承受一定的冲击负荷,但又需要不影响装拆，因此采用过盈量最小的过渡配合，定为 H7/js6。

（2）轴承与轴的配合

两个轴系的轴承均有与轴的配合。轴承是标准件，也是外购件，因此它与轴的配合采用基孔制的配合。轴承与轴不能有相对转动，同时又要在维修时不影响轴承更换，因此两者的配合采取过渡配合，定为 H7/k6。

（3）轴承与座孔的配合

同样，由于轴承是标准件，因此轴承与座孔的配合采取基轴制。两者也不应有相对转动，但又不影响装拆，故采取最小间隙的间隙配合，定为 H7/h6。

（4）端盖与座孔的配合

由于孔的加工难度较大，因此采取基孔制。为便于装配，参照插销等的定位配合，定为 H7/g6。

此外，为保证两齿轮的正常啮合，两齿轮轴中心距误差也应在一定的范围内，中心距极限偏差定为 ±0.025 mm。

3.2　减速器零件的分类

组成减速器的零件主要分为两类：一类是标准件，另一类是非标准件。非标准件中又分为轴套类、盘盖类、箱体类零件。

1. 标准件

减速器中的标准件有螺栓、螺母、垫圈、圆柱销、螺钉、轴承、键，如图 3-2 所示。

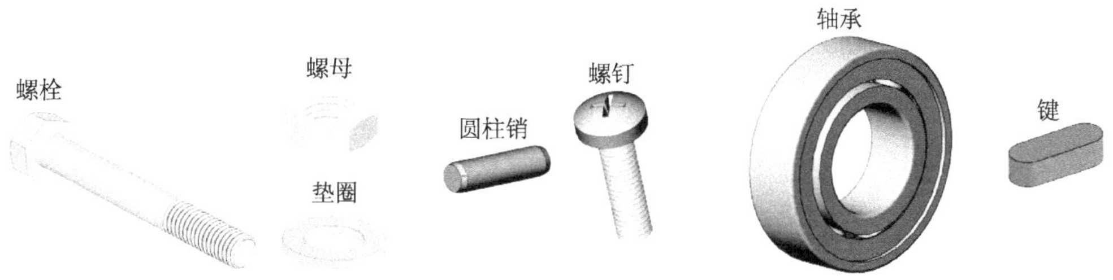

图 3-2　标准件

2. 非标准件

（1）轴套类零件

主要零件如图 3-3 所示。

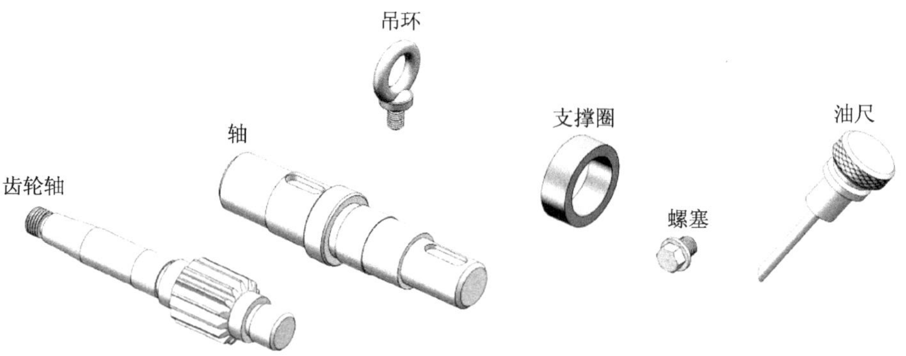

图 3-3　轴套类零件

（2）盘盖类零件

主要零件如图 3-4 所示。

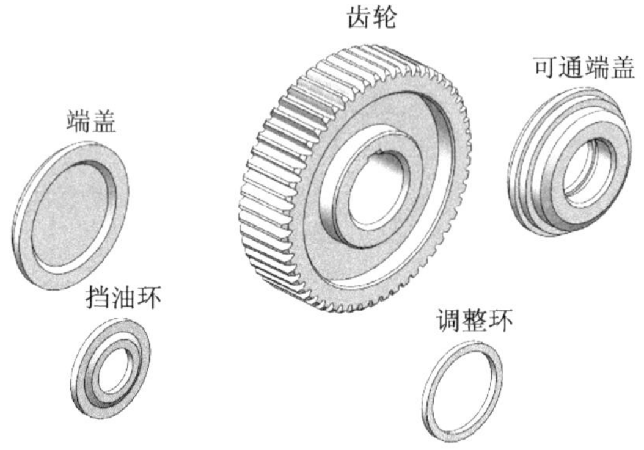

图 3-4　盘盖类零件

（3）箱体类零件

主要零件如图 3-5 所示。

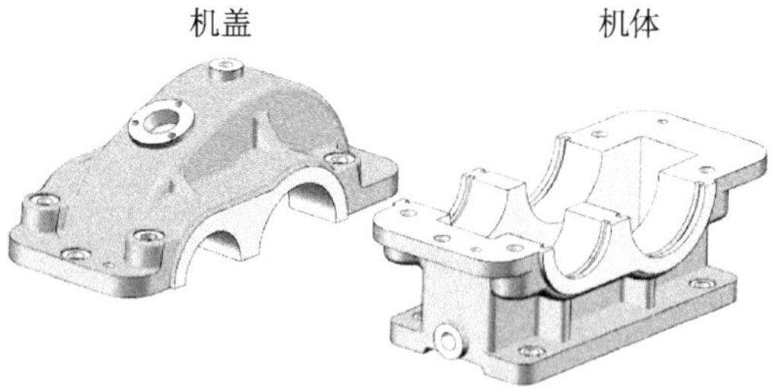

图 3-5　箱体类零件

3.3　各类零件的测绘方法与表达

标准件不需要详细测绘，也不需要绘制零件图，绘装配图时按规定画法绘制，规定参见有关制图教材，但是需要通过观察其样式，测量关键尺寸，通过查标准件所在的标准，以确定其代号。如螺栓，要测量一下螺纹大径和螺栓的长度，然后结合其外形结构查表，找到与测量值最接近者，写出其代号，如“螺栓 GB/T 5782 M8 ×35”，其余标准件的处理方法与此相同。

下面主要针对轴套类、盘盖类、箱体类零件，选择几个有代表性的零件进行介绍。

3.3.1　齿轮轴的测绘与表达

1. 结构分析与草图绘制

齿轮轴的结构如图 3-6 所示，其主要部位有齿轮部、螺纹、倒角、键槽、工艺槽等。

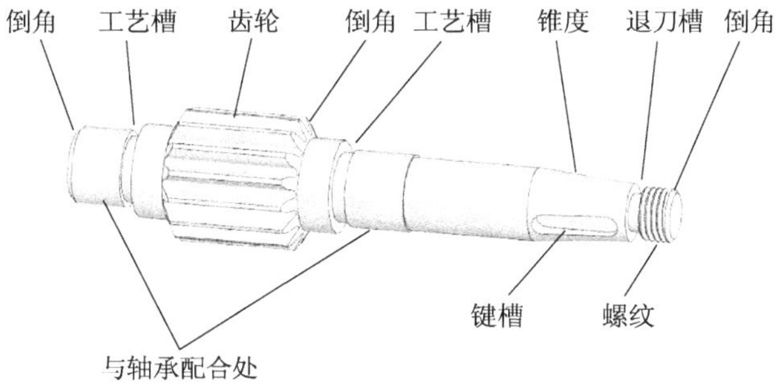

图 3-6　齿轮轴结构

（1）确定表达方案

齿轮轴的表达以齿轮轴工作位置为主视图。由于其基本结构是圆柱，所以一个视图就能够表达清楚。为了表达键槽的深度，还需再结合一个断面图。

（2）绘制草图

草图可以选择在坐标纸上绘制。绘制时，根据选择的表达方案，不必选择绘图的比例，只需根据零件本身的大致比例关系，以徒手的方式绘出图样。具体绘图方法参照本书 1.9 节。

徒手绘制的零件草图与用尺规绘制的零件图在表达方法上是一致的。

2. 尺寸测量与圆整

（1）长度及直径的测量

使用游标卡尺或千分尺、钢直尺等工具进行测量。

（2）齿轮测量

参照本书 1.7.9 节。得出正确的齿顶圆直径、分度圆直径、齿根圆直径。

（3）螺纹测量

参照本书 1.7.8 节。需写出正确的螺纹代号。

（4）尺寸圆整

参见本书 1.8 节。

3. 技术要求与材料

(1) 尺寸公差

① 齿轮齿顶圆的上极限偏差为0,下极限偏差为 -0.039 mm;

② 键槽槽宽及深度处的极限偏差可查附录14得到;

③ 其余根据图3-1所示配合关系,自行确定。

(2) 几何公差

轴锥度表面跳动相对于轴承配合处圆柱轴线基准不大于0.012 mm。

(3) 表面粗糙度轮廓

参见附录21,根据外观及零件间的配合要求,确定表面粗糙度轮廓值。表面粗糙度轮郭在图上的标注参照附录22。

(4) 其他技术要求

技术要求以文字形式写在标题栏上方,内容大致为:

1. 未注倒角……;
2. 未注环槽……;
3. 调质220~250HBS,齿面淬火50~55HRC。

齿轮的模数 m,齿数 z,压力角 α 值,需以表格形式画在图纸的右上角。

(5) 材料代号

35SiMn。

3.3.2 可通端盖的测绘与表达

1. 结构分析与草图绘制

可通端盖是盘盖类零件,其结构如图3-7所示,主要结构有内槽、内外倒角、圆角等。

由于主要结构为圆柱,同时要表达内部结构,因此表达方案较为简单,只需一个全剖的主视图即可。

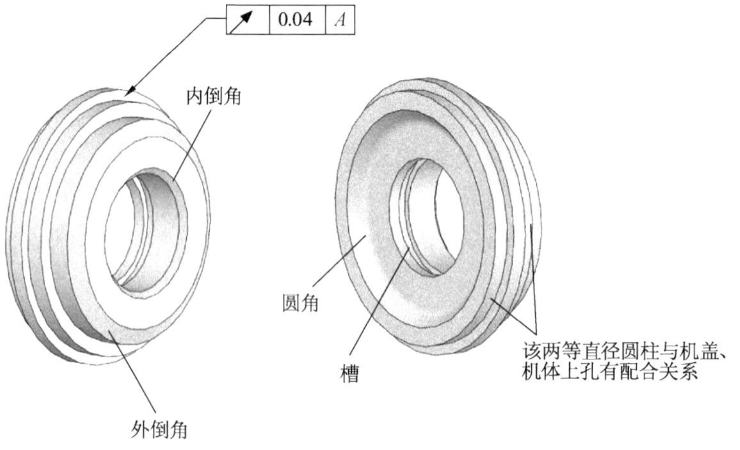

图3-7 可通端盖结构

2. 尺寸测量与圆整

尺寸测量主要通过游标卡尺完成。圆角的测量在条件允许的情况下,可以用圆角规进行。

尺寸圆整方法见本书 1.8 节。

3. 技术要求与材料

(1) 尺寸公差

根据图 3-1 配合关系确定配合处公差。

(2) 几何公差

如图 3-7 所示,箭头所指圆端面有相对于圆柱轴线的跳动几何公差。

(3) 表面粗糙度轮廓

参见附录 21,根据外观及零件间的配合要求,确定表面粗糙度轮廓值。表面粗糙度轮廓在图上的标注参照附录 22。

(4) 其他技术要求

相同的表面粗糙度轮廓可以在技术要求处集中标注。

(5) 材料代号

HT200。

3.3.3　机盖的测绘与表达

1. 结构分析与草图绘制

机盖结构参见图 2-2。主要结构有空腔、凸缘、凸台、凹坑、通孔、销孔、螺钉孔、圆角、肋等。

其表达方案较为复杂,内部与外部结构都要得到有效的表达。

(1) 确定表达方案

通过形体分析,机盖可以简化为如图 3-8 所示的基本形体。该形体的表达,用 3 个基本视图结合全剖视即可,如图 3-9 所示。

由于外形简单,主视图结合全剖视,表达内部空腔及上部的壁厚;左视图结合全剖视,表达前后两侧的壁厚。由于主、俯视图将底板已经表达清楚,左视图也可变为局部剖视。以上对机盖基本形体的表达方案可作为整个机盖表达的基础。

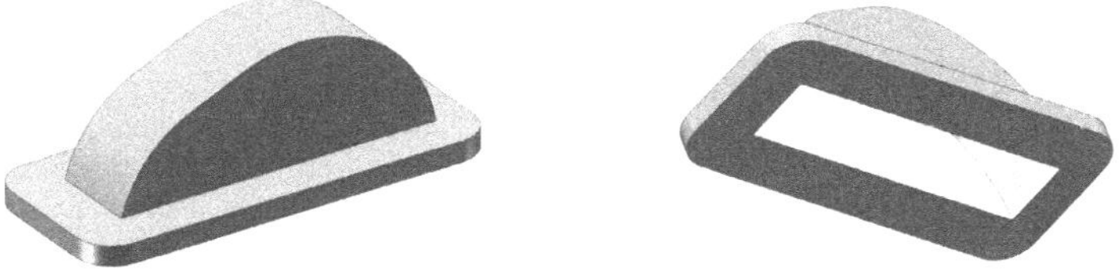

图 3-8　机盖简化

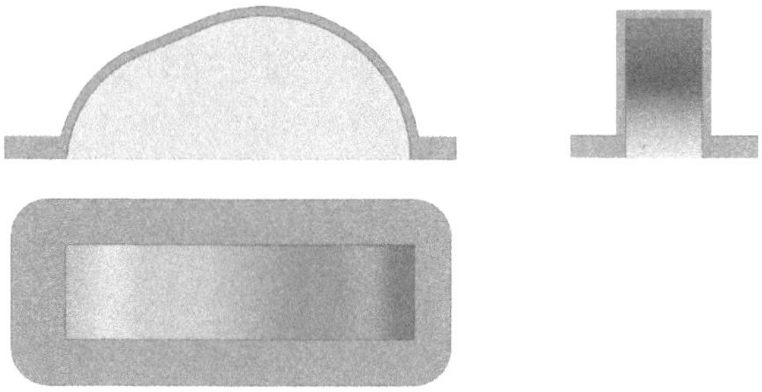

图 3-9　表达方案分析一

对机盖整体结构的表达，在上述基础方案的基础上，考虑到各个结构的特点，需对基础方案再加以调整，如图 3-10 所示。

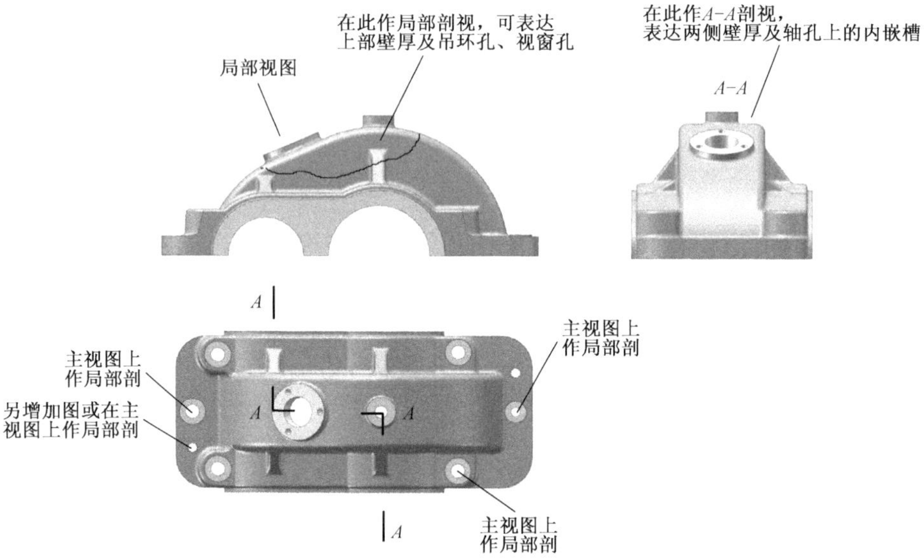

图 3-10　表达方案分析二

主视图考虑到外形的表达，因此将全剖视改为局部剖视，同时表达内腔上部壁厚和吊环螺孔、视窗孔及视窗孔上的螺钉孔；同时再结合几个局部剖视表达螺栓孔及启盖螺钉孔、连接孔。由于销孔的剖视可能与连接孔或启盖螺钉孔重叠，若不便于在主视图表达，可以另外作局部剖视图。

俯视图只表达外形，不作剖视，表达出了几个孔的分布。

左视图将全剖视改为阶梯剖视（用 2 个平行剖切面的剖视），目的是表达两侧的壁厚，同时表达轴孔处内嵌槽的形状及深度。图 3-10 未表现出来，请读者自己考虑。

视窗孔的表达，可以考虑另作一个局部视图，目的是表达视窗孔的外形及其上面 3 个螺钉孔的分布。

（2）绘制草图

按照上述表达方案，以徒手绘的方式，绘制在坐标纸上，注意圆角的表达。具体绘制方法，见齿轮轴的测绘部分。

2. 尺寸测量与圆整

（1）长度及直径的测量

使用游标卡尺或千分尺、钢直尺等工具进行测量。测量轴孔直径时，应参照与其配合的轴承与端盖的直径尺寸。

（2）壁厚的测量

精确的壁厚测量可以用壁厚测厚仪。无此设备时可以通过间接测量，再结合设计工艺要求推算得到。对于工件总体尺寸在 200 mm×200 mm～500 mm×500 mm 范围内的铸件，壁厚一般为 10～12 mm。

（3）铸造圆角半径的测量

在条件允许的情况下，可以使用圆角规测量。如果条件不具备，可以从设计角度进行推算。一般铸造圆角的半径 $R=3\sim5$ mm，圆角分内圆角和外圆角，它的大小因壳体相邻壁厚的不同而不同，具体数值可以根据相邻壁厚查附录 23 得到。

（4）拔模斜度的测量

注意观察工件上有无拔模斜度，国家标准规定，当对拔模斜度无特殊要求或拔模斜度较小时，不必在图上画出，也不加标注。如果机件上有很明显的斜度，则应画出，并在技术要求中统一标注，如写出“拔模斜度为 1°～3°”。

（5）大圆弧或大圆角半径的测量

对于不属于铸造圆角的大圆弧、大圆角，需要测量出半径，并确定圆心。如图 3-10 主视图中的大圆弧，可以采取间接测量的方法，如拓印法、铅丝法等。拓印法是将其轮廓形状描画或拓印在白纸上，通过作图找到圆心，测量出半径。铅丝法是用铅丝或类似物，紧贴在被测轮廓上，然后将其取下描画在白纸上。

（6）凸台、凹坑的测量

凸台、凹坑主要与螺栓或螺钉连接有关。测绘时注意锪平孔与沉孔的区别，标注时锪平孔不需标注深度。图 3-11 所示为 3 种常见凹坑的表示与标注方法。

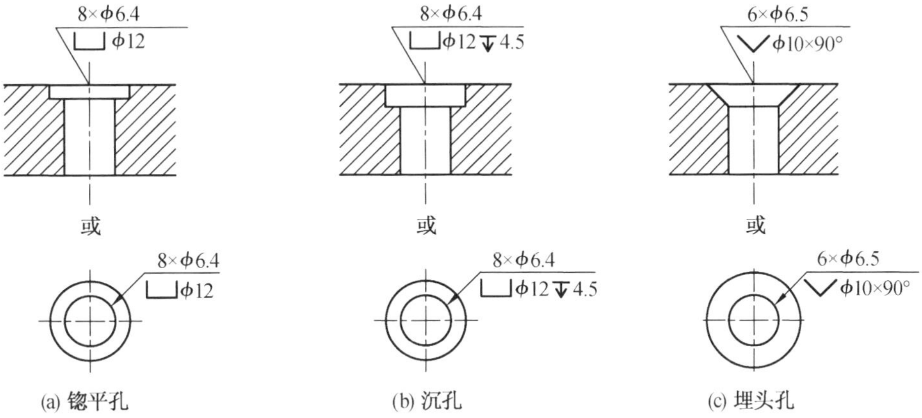

图 3-11　3 种常见孔的表达与尺寸标注示例

（7）螺纹孔的测量

机盖的螺纹孔主要有视窗上的 3 个螺钉孔和吊环孔。这几个孔由于尺寸较小不便于直接测量，可以测量与其配合的螺钉和吊环来间接得到其螺纹尺寸。螺纹的测量方法见 1.7.8 节。需写出正确的螺纹代号。

尺寸圆整方法同前述。

3. 技术要求与材料

（1）尺寸公差

根据图 3-1 配合关系确定配合处公差。两个轴孔中心距极限偏差为 ±0.025 mm。

（2）几何公差

两轴孔中心线之间平行度允差为 0.012 mm。

（3）表面粗糙度轮廓

分清去除材料表面和未去除材料表面。去除材料表面粗糙度轮廓值参见附录 21，根据外观及零件间的配合要求确定。表面粗糙度轮廓在图上的标注参照本书附录 22。

（4）其他技术要求

一般以文字的形式写在标题栏的上方，可以是：

1. 铸件应时效处理；
2. 未注明铸造圆角 R3 ~ R5。

（5）材料代号

HT200。

3.3.4 机体的测绘与表达

1. 结构分析与草图绘制

机体结构参见图 2-3。主要结构有空腔、凸缘、凸台、凹坑、通孔、销孔、螺纹孔、圆角、肋等结构。

（1）确定表达方案

若将机体简化，其基本形体如图 3-12 所示。该基本形体的表达方案可以作为机体表达方案的基础。

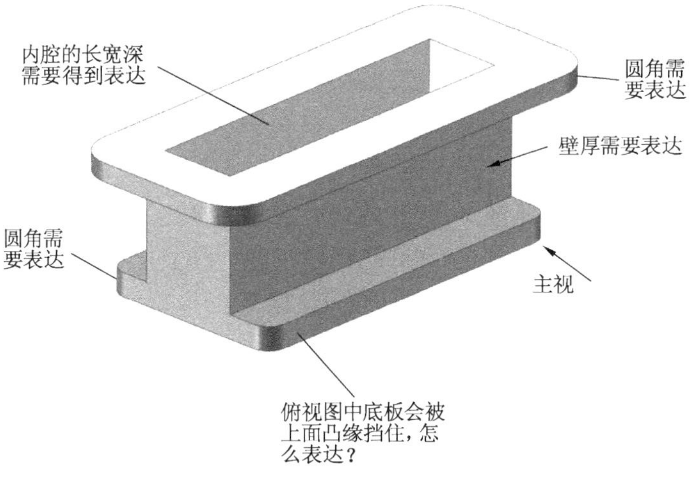

图 3-12　机体简化

该基本形体的结构特点是，在带有空腔的长方体上面附有凸缘，下部有底板。主视可以选择图 3-13 中所示方向，结合剖视（全剖或半剖）表达内部。俯视在表达了凸缘的形状后，底板则无法表达形状，为此有几种方案可以选择，一是在俯视图上结合半剖视或局部剖视；二是增加底面向上的局部视图。前者的好处是同时表达了壁厚；后者的好处是底板形状表达比较完整，但壁厚还需另外表达。

对于整个机体，由于功能的需要增加了许多的结构，如轴孔、支承肋、螺栓孔、销孔、放油孔、油标孔、底面槽等，如图 3-13 所示，为表达清楚这些结构，需要在上述的表达方案基础上进行分析修改。

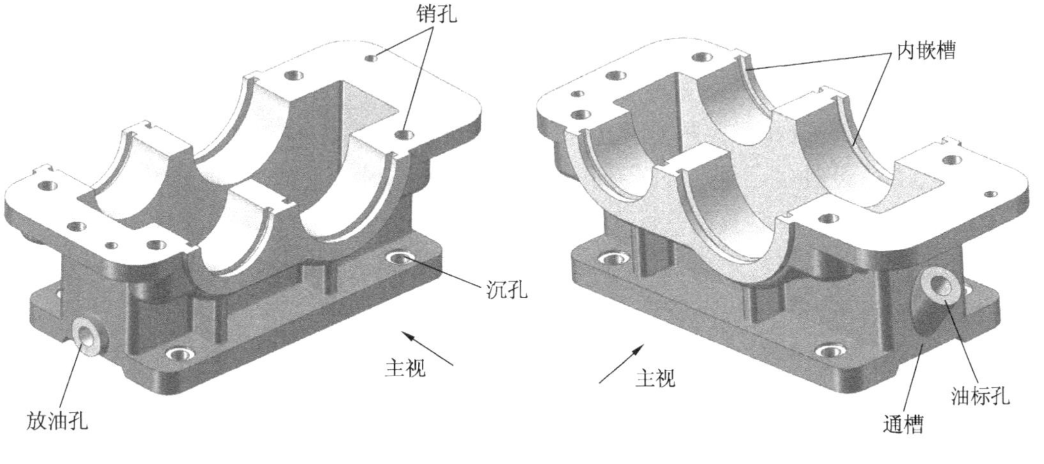

图 3-13　机体

在如图 3-14 所示的三视图基础上，分析哪些结构没有表达清楚。

① 主视图如果不剖视，则壁厚、放油孔、油标孔都得不到表达，由于不对称，因此不能作半剖视，若全剖视则外形无法得到表达，因此只能作若干局部剖视。

② 俯视图需要一个外形图表达上面孔的分布情况，但底面形状及沉孔的分布没有得

到表达，嵌槽的深度也没有得到表达。

③ 左视图表达清楚了底板槽的截面形状、放油孔的形状和位置，但侧面壁厚没有表达清楚，因此需要结合剖视来表达。

④ 螺栓孔处凸缘的形状没有表达清楚。

解决的方法：

① 在主视图作若干局部剖视图，表达螺钉孔、销孔、沉孔、壁厚。

② 在左视图也增加剖视，可以选择的是半剖视图，保留一半外形，如果用阶梯剖视（两个平行剖切面的剖视），需考虑外形是否已经表达清楚。

③ 增加额外的局部视图或局部剖视图来表达其他未表达清楚的结构。

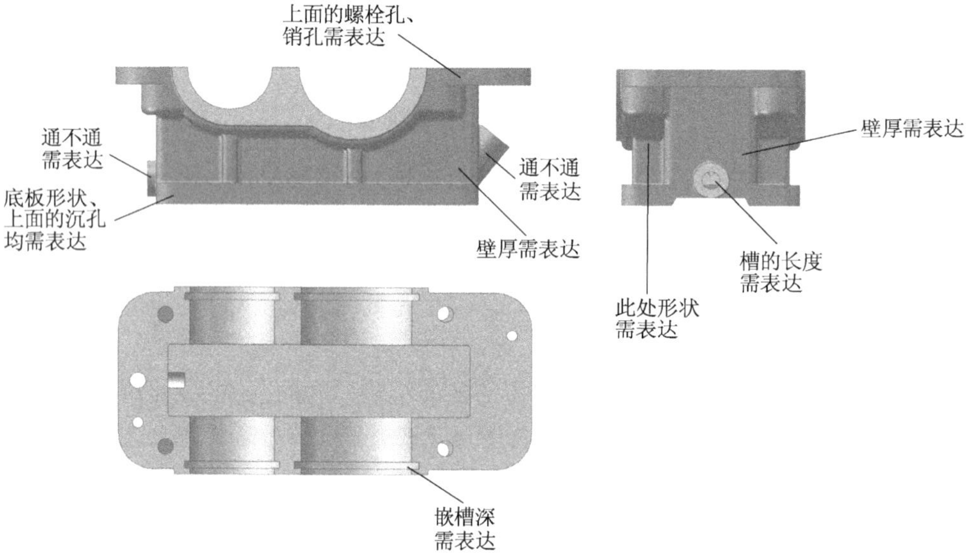

图 3-14　机体表达方案分析

最终如何表达，请读者自行思考决定。表达的原则是，在表达清楚的前提下，尽可能简洁、集中，不要太琐碎。

（2）绘制草图

按照自行选定的表达方案，以徒手绘的方式，将所有图绘制在坐标纸上，注意图形的布局和圆角的表达。具体绘制方法，见齿轮轴的测绘部分所述。

2. 尺寸测量与圆整

机体总的测量方法与机盖的测量方法相同，由于与机盖有连接关系，因此有些尺寸可以直接从机盖测量尺寸中拷贝，如凸缘的形状尺寸，螺栓孔的定形、定位尺寸，轴孔直径等，这样既可以减少工作量，又可以保证尺寸一致。具体各种结构的测量方法，参见 3.3.3 节中机盖部分的测量。

3. 技术要求与材料

（1）尺寸公差

根据图 3-1 配合关系确定配合处公差。两个轴孔中心距极限偏差为 ±0.025 mm。

(2) 几何公差

两轴孔轴线之间平行度允差为0.012 mm。

(3) 表面粗糙度轮廓

分清去除材料表面和未去除材料表面。去除材料表面粗糙度轮廓值参见附录21,根据外观及零件间的配合要求确定。表面粗糙度轮廓在图上的标注参照附录22。

(4) 其他技术要求

一般以文字的形式写在标题栏的上方,可以是:

1. 铸件应时效处理;
2. 未注明铸造圆角 R3 ~ R5。

(5) 材料代号

HT200。

3.4 减速器装配图的画法

绘制减速器装配图的目的:一是表达零件之间的连接关系,二是表达减速器的工作原理,三是表达出减速器的总体尺寸及规格尺寸、配合尺寸、安装尺寸。

在绘制减速器的装配图之前,必须先搞清楚减速器的所有零件间的相互连接关系,并记录下来,以便于绘制装配图时参考,然后再按照适当的步骤正式绘制。

3.4.1 减速器装配示意图或简图

减速器的装配示意图的作用是用图将减速器的零件连接关系记录下来。示意图可简可繁,简单的用几根线、几个符号就可以表达某些零件,复杂的可以画得稍微详细一点,甚至于可以按装配图的表达方案去画,这样的图也可以称为简图。

图3-15所示为减速器的装配简图。绘好后,给每个零件编上序号,将零件按名称、数量、材料等填写在一张表格中,如表3-1所示,并与实物对照检查,确保没有遗漏。

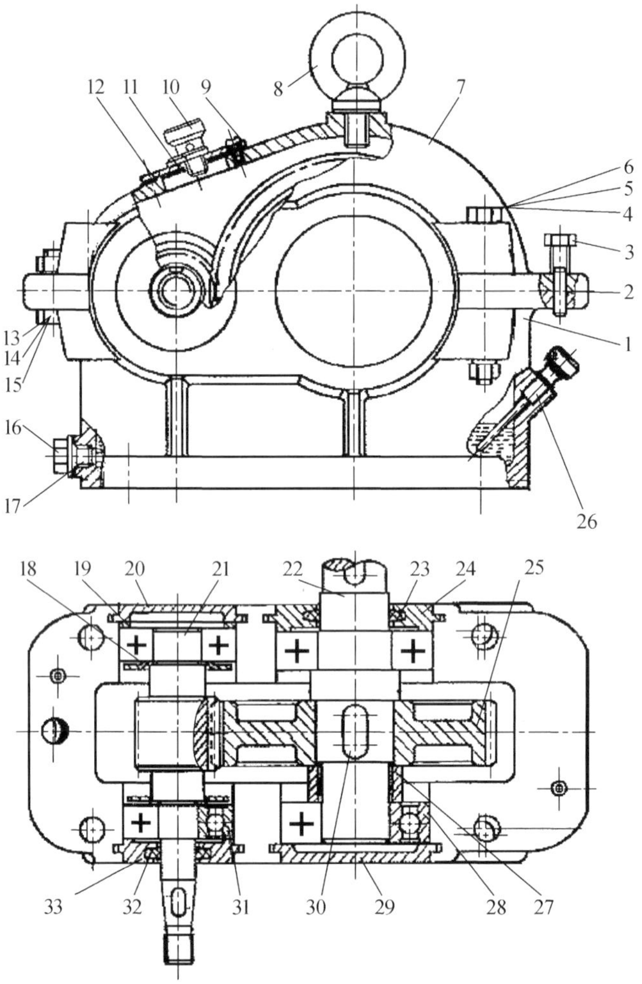

图 3-15　减速器装配简图

表 3-1　减速器零件汇总表

序号	名称	数量	材料	备注
1	机体	1	HT200	
2	销 6×18	2	45	GB/T 117—2000
3	启盖螺钉 M8×35	1	Q235A	GB/T 5782—2000
4	螺栓 M8×65	4	Q235A	GB/T 5782—2000
5	螺母 M8	4	Q235A	GB/T 6170—2000
6	垫圈	4	65Mn	GB/T 97.1—2002
7	机盖	1	HT200	
8	吊环	1	Q235A	

续表

序号	名称	数量	材料	备注
9	半圆头螺钉 M3×10	3	Q235A	GB/T 67—2000
10	通气塞	1	Q235A	
11	视孔盖	1	有机玻璃	
12	垫片	1		
13	螺栓 M8×25	2	Q235A	GB/T 5782—2000
14	螺母 M8	2	Q235A	GB/T 6170—2000
15	垫圈	2	65Mn	GB/T 93—1987
16	螺塞	1	Q235A	
17	垫圈	1	65Mn	GB/T 93—1987
18	挡油环	2	Q235A	
19	调整环	1	Q235A	
20	端盖	1	HT200	
21	齿轮轴	1	35SiMn	
22	轴	1	45	
23	油封	1		
24	可通端盖	1	HT200	
25	齿轮	1	35SiMn	
26	油尺	1	Q235A	
27	支撑环	1	Q235A	
28	滚动轴承 6206	2		GB/T 276—2013
29	端盖	1	HT200	
30	键 8×7×20	1	45	GB/T 1096—2003
31	滚动轴承 6204	2		GB/T 276—2013
32	油封	1		
33	可通端盖	1	HT200	

3.4.2　减速器表达方案

一部机器的连接关系可从工作件之间、附件之间、连接件之间、整个机器与周围环境之间 4 个方面去分析。减速器的连接关系主要有：

关系 1：两大轴系即主动轴系和从动轴系零件间的连接关系，这些零件均为工作件，是表达的重点；

关系 2：吊环、视窗、螺塞、油标尺的连接关系，这些是附件；

关系 3：螺栓、启盖螺钉、销的连接关系，这些是连接件；

关系 4：减速器与周围环境之间的连接关系。

若减速器只绘制三视图，如图 3-16 所示，这几种连接关系均不能得到有效的表达。因此，为表达关系 1，俯视图应当作剖视，可以采用装配图的特殊表达法：沿结合面的剖切或拆卸画法，如图 3-17 所示。

为表达关系 2 和关系 3，可在主视图及左视图作一些局部剖视。

关系 4 如何表达？减速器在使用时其底面必须与其他部件或地面连接，这种连接关系是通过连接部位的安装结构与尺寸表现出来的，图 3-17 中并没有指明，请读者自行思考。

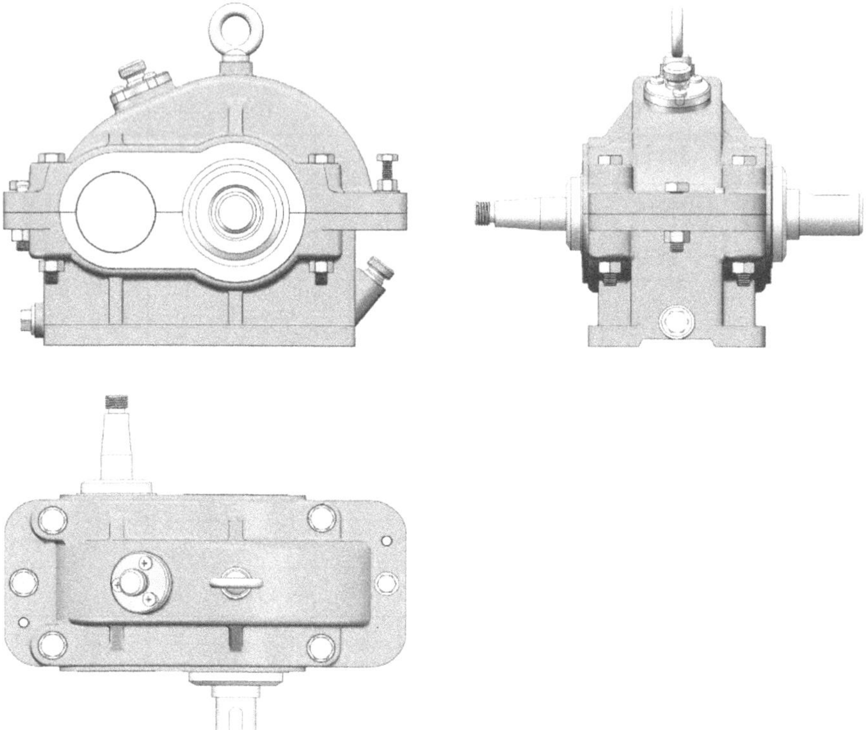

图 3-16　减速器装配图表达分析之一

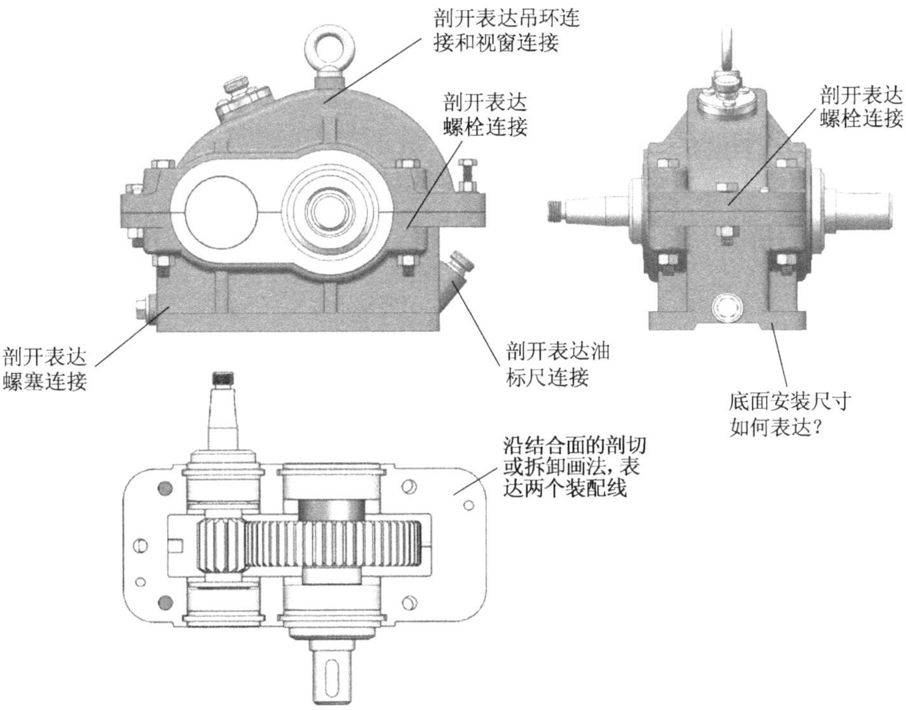

图 3-17　减速器装配图表达分析之二

3.4.3　装配图上的技术要求

装配图上的技术要求是对装配工作的技术指导和要求，是图纸上无法用图形、符号和尺寸表达的补充。减速器装配图技术要求如下：

1. 装配前所有零件用煤油清洗，滚动轴承用汽油清洗，机体内不允许任何杂物存在。
2. 啮合侧隙用铅丝检验不小于 0.16，铅丝不得大于最小侧隙的 4 倍。
3. 用涂色法检验斑点。齿高接触斑点不小于 40%，齿长接触斑点不小于 50%。
4. 调整轴向游隙为 0.05 ~ 0.1 mm。
5. 检查减速器剖分面及密封处，均不得漏油。
6. 机座内装润滑油至规定高度。
7. 表面涂绿色防锈漆。

3.4.4　绘装配图时应注意的细节

绘制装配图时应注意以下细节：

(1) 在从动齿轮轴装配线中，齿轮端面应超出轴上轴肩，这样才能确保支撑环与齿轮端面紧密接触，如图 3-18 和图 3-19 所示。

（2）轴承端面与轴的端面并不是齐平的，而是超出它，这样才能保证轴承与端盖紧密接触，同时不影响轴的转动。

（3）在右端安装轴承处，轴上有一个工艺槽，目的是为了确保轴承与轴肩能良好接触。齿轮与轴肩和支撑环接触处，齿轮孔上有一个较大的倒角，也是基于同样的目的。

（4）绘装配图时，可通端盖内槽要画出填料，以表示此处具有密封的功能。

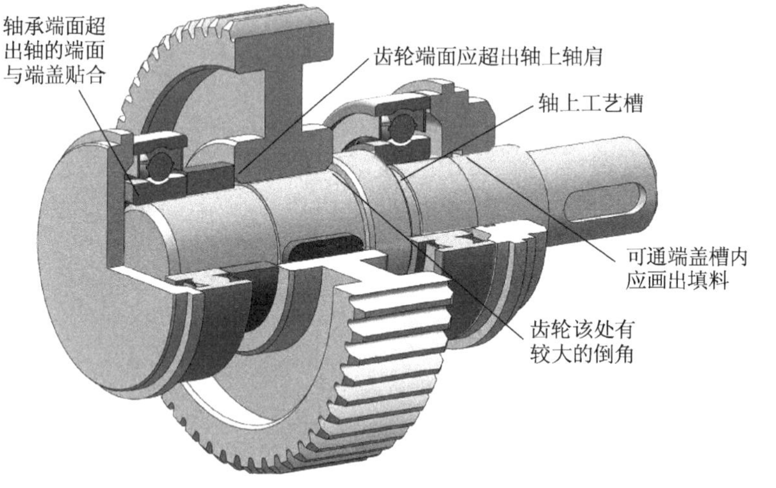

图 3-18　细节处理之一

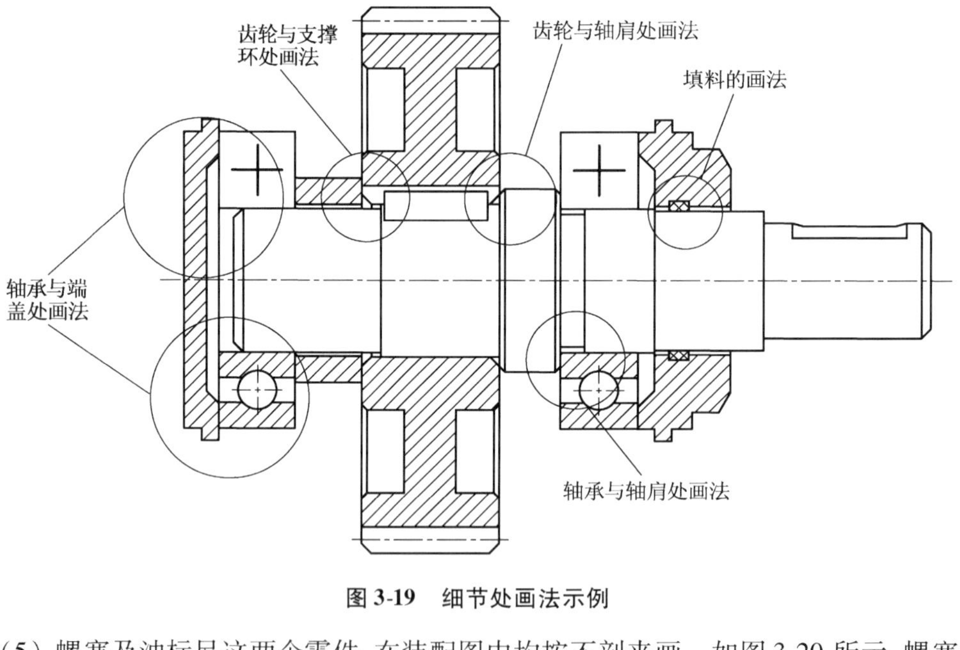

图 3-19　细节处画法示例

（5）螺塞及油标尺这两个零件，在装配图中均按不剖来画。如图 3-20 所示，螺塞的位置应低于机体底面；油标尺与孔并没有螺纹连接，也没有配合关系。

（6）过渡线与渐灭线的画法。如图 3-21 所示，在机盖和机体上因为有圆角，在形体产生交线的地方形成了过渡线和渐灭线。在绘装配图及机盖、机体零件图时，要注意正确表达，表达示例如图 3-22 所示。

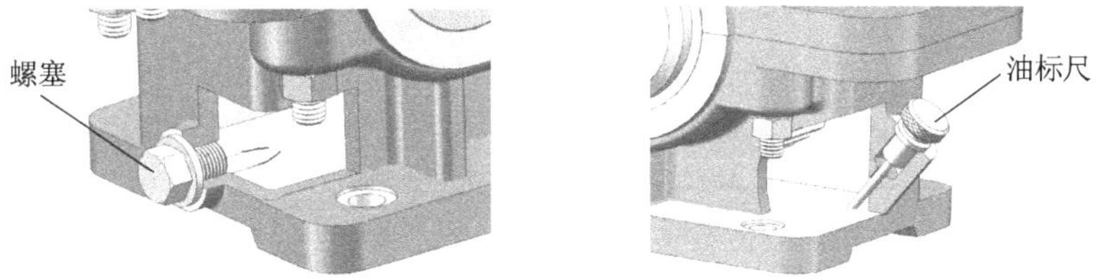

图 3-20　细节处理之二

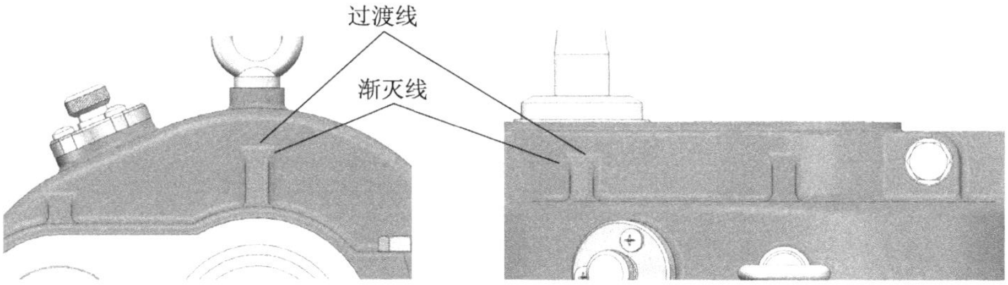

图 3-21　过渡线、渐灭线

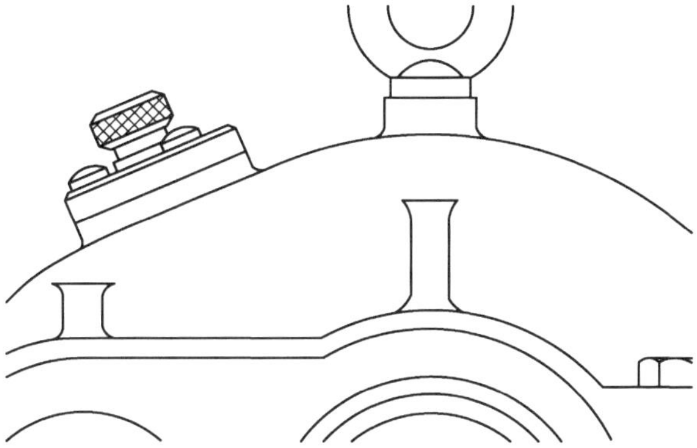

图 3-22　过渡线、渐灭线在装配图中画法

3.4.5　减速器装配图尺寸标注

（1）性能尺寸：输入轴轴端的螺纹尺寸。

（2）配合尺寸：参照图 3-1，将有配合的部位的尺寸及配合代号标注在装配图上。

（3）安装尺寸：减速器底板定形尺寸及上面沉孔的定形、定位尺寸。

（4）总体尺寸：减速器的总长、总宽、总高尺寸。

（5）其他重要尺寸：两轴的中心距尺寸，参照机盖或机体轴孔的中心距技术要求进行标注。

第 4 章

球阀测绘

4.1 球阀的功能

球阀(图 4-1)是一种应用于管道中,用于切断介质流动的机件。它还具有通过改变通道开口的大小,调节流量的功能。

球阀的工作原理是通过手柄旋转阀体中带有圆孔的球形阀芯,当圆孔与左右连接孔相通时,阀打开;当手柄旋转 90°时,连接孔被堵塞,阀关闭。

球阀的主要特点是本身结构紧凑,密封可靠,结构简单,维修方便。

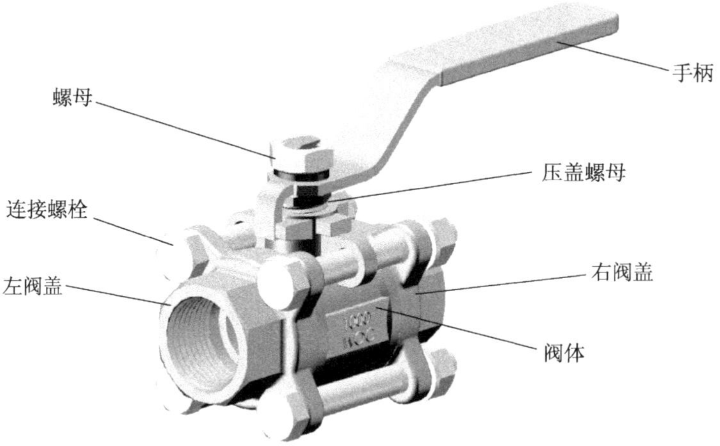

图 4-1 球阀

4.2 球阀的结构

本球阀是 Q11F 三片式丝口球阀,三片式是指球阀主要由 3 个大件组成,即左右阀盖和阀体,三件通过 4 个连接螺栓连接在一起;丝口指进出口上带有螺纹。

球阀的具体结构如图 4-2 所示。该球阀零件不多,主要由阀体、阀座、阀盖、阀芯、阀杆、手柄,以及若干螺栓、螺母、垫圈组成。

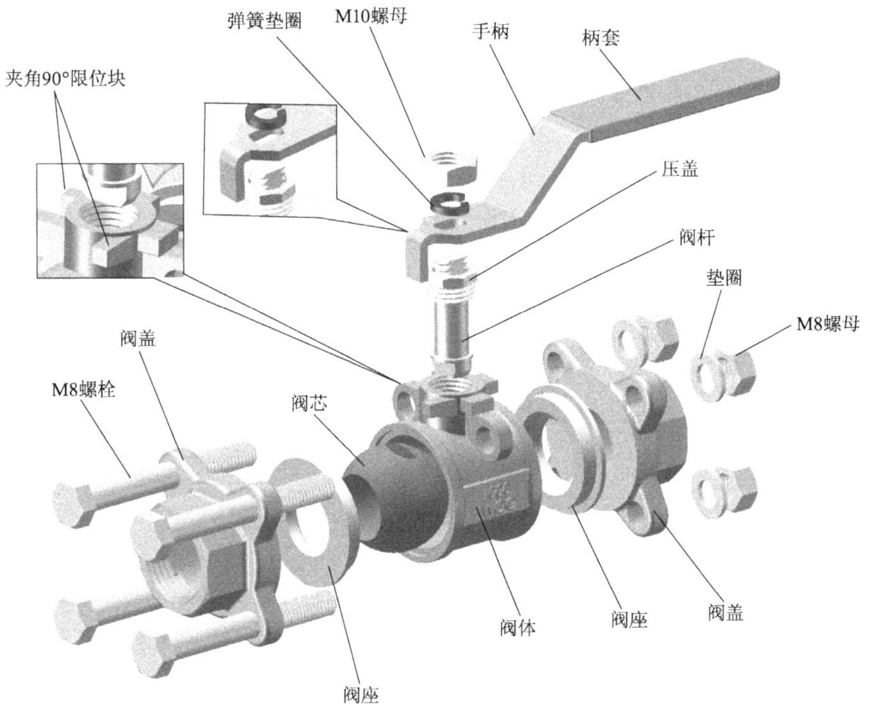

图 4-2　球阀结构

球阀主要有两条装配线，一条是横向，由左右阀盖、左右阀座、阀体、阀芯通过 4 个螺栓组件连接起来；另一条是竖向，由手柄、阀杆、压盖、阀体、阀芯及螺母、弹簧垫圈连接起来。

手柄上的长圆形孔安装在阀杆长圆形部位，转动手柄时，可以带动阀杆转动；阀杆下部伸进阀芯上部槽内，阀杆转动时，将带动阀芯转动。在阀体上部有两个夹角为 90°的限位块，限定手柄只能在这个范围内转动，对应着开和关两个位置。

4.3　球阀的配合要求

配合要求是指为实现某些功能对重要零件之间装配关系的要求。配合有 3 种：间隙配合、过渡配合、过盈配合。

球阀在应用时，最重要的一项功能是防漏功能。为满足此功能，一是通过使用密封圈，二是通过配合关系调节零件之间的间隙。

球阀在阀座与阀体之间、阀杆与压盖之间、阀杆与阀芯之间有配合要求，如图 4-3 所示。

（1）阀座与阀体的配合

阀座需紧密压紧在阀芯上，防止流体介质从结合处泄漏，但又不能压得过紧，以防造成手柄转动困难。压紧的实现是通过两端的阀盖压紧阀座来实现的。如果阀座凸缘的厚度小于阀体凹坑的深度，则两端的阀盖无法实现压紧。因此给它们设定一个 H7/js6 过渡配合。

（2）阀杆与压盖的配合

阀杆与压盖之间既要有一定的间隙，以便转动灵活，又不能有太大的间隙，因此此处设定一个小的 H7/f6 间隙配合。

（3）阀杆与阀芯的配合

阀杆下部厚度与阀芯槽宽度之间，要保证插入顺利，又不能间隙过大，以免造成转动手柄时内部撞击，此处设定一个 H11/d10 间隙配合。

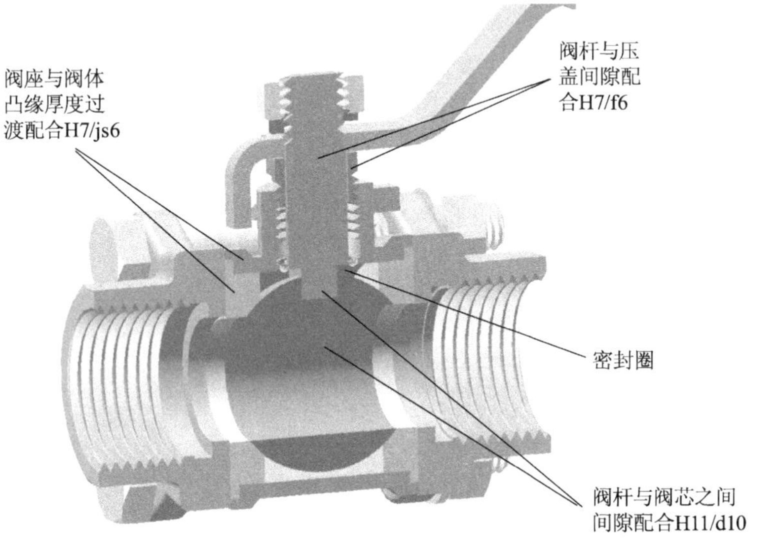

图 4-3　球阀中的配合

4.4　球阀零件分类

组成球阀的零件同样分为两类，一类是标准件，另一类是非标准件。非标准件中又包括轴套类零件、盘盖类零件、箱体类零件、钣金类零件。

1. 标准件

标准件如图 4-4 所示。

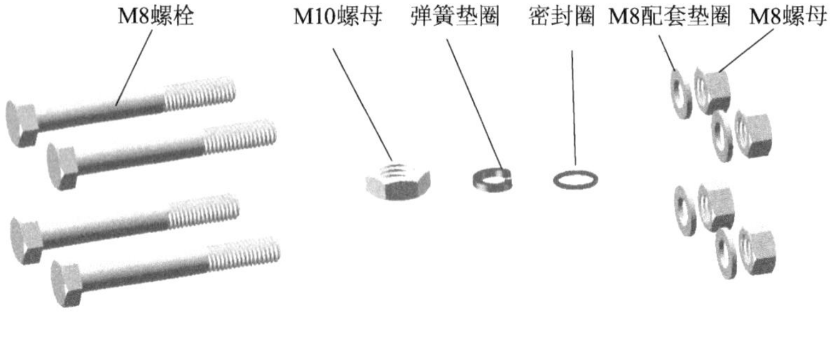

图 4-4　标准件

2. 非标准件

(1) 轴套类零件

轴套类零件有阀杆、阀芯,如图 4-5 所示。

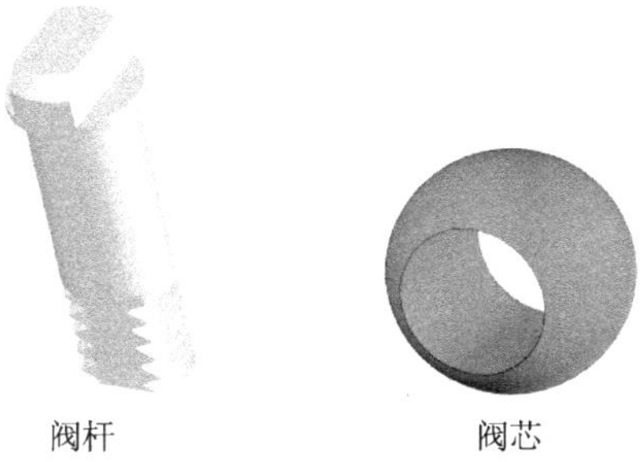

图 4-5　轴套类零件

(2) 盘盖类零件

盘盖类零件有阀座、压盖、阀盖,如图 4-6 所示。

图 4-6　盘盖类零件

(3) 箱体类零件

箱体类零件有阀体,如图 4-7 所示。

(4) 钣金类零件

钣金类零件有手柄,如图 4-8 所示。

图 4-7　箱体类零件

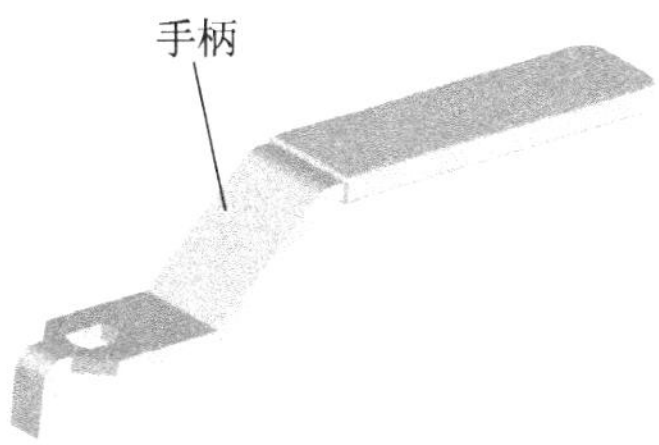

图 4-8　钣金类零件

4.5 各类零件的测绘方法与表达

4.5.1 阀体的测绘与表达

1. 结构分析与草图绘制

阀体的基本结构为两个圆柱相贯,如图 4-9 所示。以此为基础考虑它的表达,最少需要两个视图。再考虑阀体是箱体类零件,内外结构都需要表达,因此还要考虑是否增加第三个视图及剖视图、局部视图等。

定好表达方案后,在坐标纸上画出草图。阀体的工艺结构有铸造圆角、螺纹,如图 4-10 所示。同时要注意阀体上的去除材料加工表面与未去除材料加工表面的区别。一般阀体上与其他零件结合的表面均为去除材料加工表面。

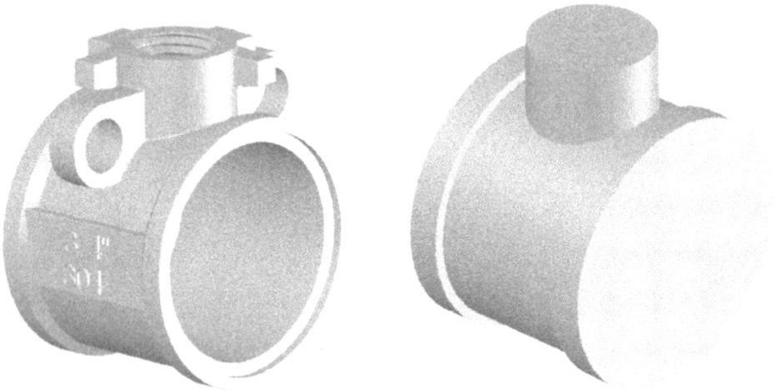

图 4-9 阀体基本结构

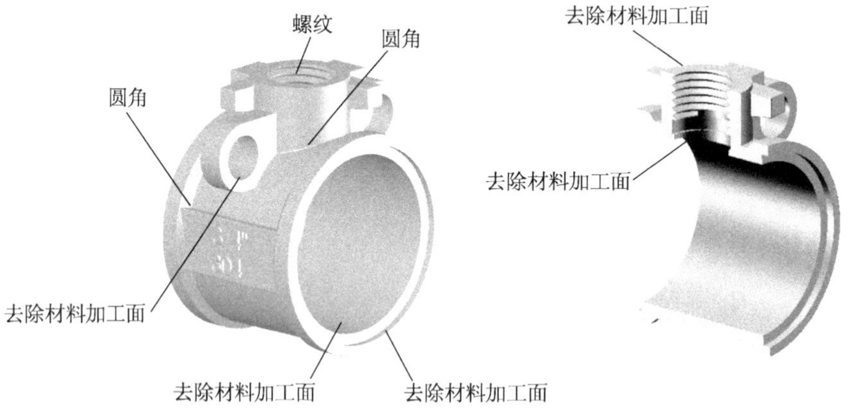

图 4-10 阀体工艺结构

2. 尺寸测量与圆整

阀体的测量主要涉及长度、直径、半径、圆角、螺纹等尺寸的测量,具体方法及数值圆整的方法请参阅第 1 章有关内容。铸造圆角的半径为 R1 ~ R3。

3. 技术要求与材料

（1）尺寸公差

有配合要求的部位都有公差的要求，配合要求见本章前述内容。阀体上部两个孔的孔心距极限偏差为 ±0.5 mm。

（2）几何公差

略。

（3）表面粗糙度轮廓

根据去除材料加工表面的光滑程度，参见附录 21，确定表面粗糙度轮廓值。未去除材料加工表面可统一标注。表面粗糙度轮廓在图上的标注参照本书附录 22。

（4）其他技术要求

相同的表面粗糙度轮廓可以在技术要求处集中标注。铸件不得有铸造缺陷。

（5）材料代号

铸钢 WCB。

4.5.2　阀盖的测绘与表达

1. 结构分析与草图绘制

阀盖的基本结构是一个八棱柱与一个梅花形厚板叠加而成，如图 4-11 所示，用两个视图就可以表达清楚。再考虑到板上带有 4 个圆孔，以及八棱柱中间有阶梯孔，可以考虑在视图上结合剖视来表达，剖视可以是全剖视、半剖视或局部剖视。

阀盖的工艺结构有铸造圆角、倒角、螺纹，如图 4-12 所示，同时也要注意阀盖上的去除材料加工表面与未去除材料加工表面的区别。一般与其他零件结合的表面均为去除材料加工表面。

草图绘制的要求同前一零件。

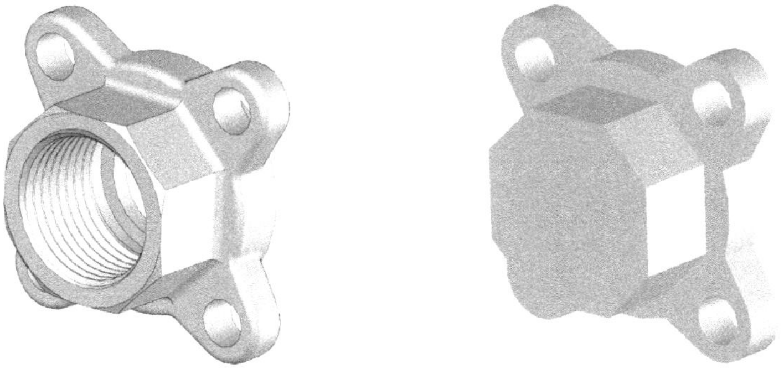

图 4-11　阀盖基本结构

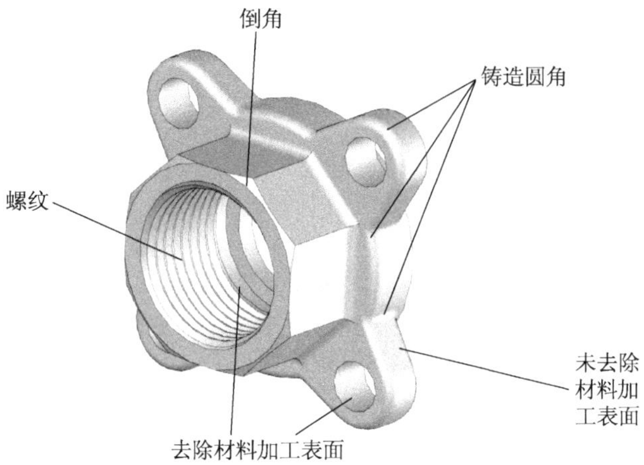

图 4-12　阀盖工艺结构

2. 尺寸测量与圆整

阀盖的测量主要涉及长度、直径、半径、圆角、倒角、螺纹等尺寸的测量，具体测量方法及数值圆整的方法请参阅第 1 章有关内容。铸造圆角的半径为 R1 ~ R3。

3. 技术要求与材料

（1）尺寸公差

阀盖上有 4 个孔，孔之间水平方向、垂直方向孔心距的极限偏差均为 ±0.5 mm。

（2）几何公差

略。

（3）表面粗糙度轮廓

根据去除材料加工表面的光滑程度，参见附录 21，确定表面粗糙度轮廓值。未去除材料加工表面可统一标注。表面粗糙度轮廓在图上的标注参照本书附录 22。

（4）其他技术要求

相同的表面粗糙度轮廓可以在技术要求处集中进行标注。铸件不得有铸造缺陷。

（5）材料代号

铸钢 WCB。

4.5.3　阀杆的测绘与表达

1. 结构分析与草图绘制

阀杆的基本结构为阶梯圆柱，如图 4-13 所示。以此为基础考虑表达的方法，一个视图就够了。再考虑阀杆最终的形成是在基本结构基础上，上下各切掉两块，而且切掉的方向还不一样，因此还需要加其他视图。由于是实心件，因此不需要剖视图。

阀杆的工艺结构是倒角。草图绘制的要求同前面零件。

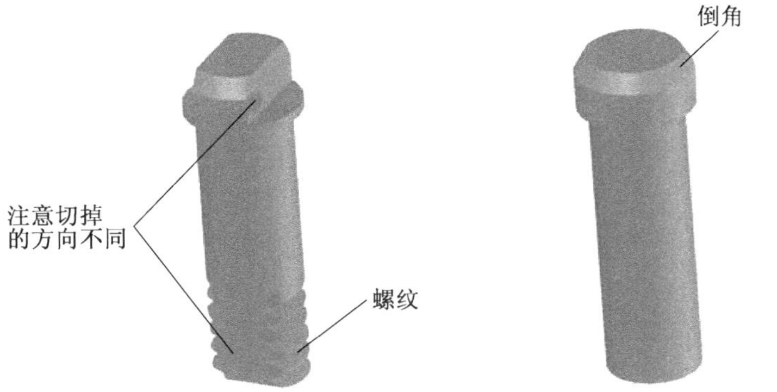

图 4-13　阀杆基本结构

2. 尺寸测量与圆整

阀杆的测量主要涉及长度、直径、半径、倒角、螺纹等尺寸的测量,具体测量方法及数值圆整的方法请参阅第 1 章有关内容。铸造圆角的半径为 R1 ~ R3。

3. 技术要求与材料

(1) 尺寸公差

阀杆与压盖之间有配合要求,参考配合要求,确定尺寸的公差。

(2) 几何公差

略。

(3) 表面粗糙度轮廓

阀杆表面均为去除材料表面,根据去除材料加工表面的光滑程度,参见附录 21,确定表面粗糙度轮廓值。表面粗糙度轮廓在图上的标注参照本书附录 22。

(4) 其他技术要求

相同的表面粗糙度轮廓可以在技术要求处集中进行标注。

(5) 材料代号

40Cr。

4.5.4　阀芯的测绘与表达

1. 结构分析与草图绘制

阀芯的基本结构是圆球,如图 4-14 所示。表达时一个视图就可以将基本结构表达清楚,但考虑到阀芯中有孔,上面有槽,因此需考虑应用剖视图及其他视图。

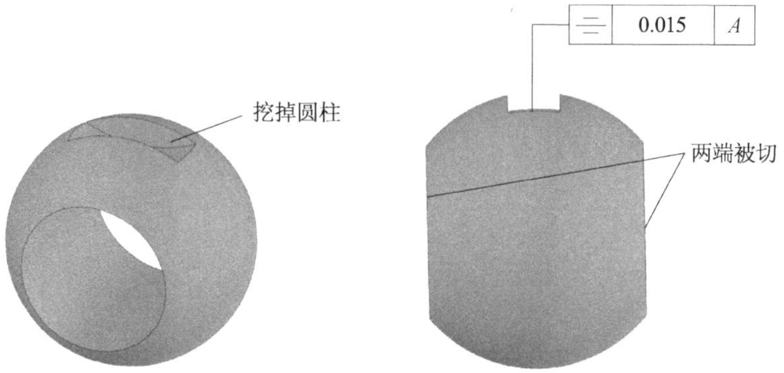

图 4-14　阀芯基本结构

2. 尺寸测量与圆整

阀芯的测量主要涉及长度、孔直径、球直径、半径的测量。其中，上面槽半径及圆心位置的测量比较困难，无法直接测量，必须采取间接测量的方法。

如图 4-15 所示，首先测出球的直径 D 及如图所示 L 的尺寸，测量时应尽可能准确；然后，在一张白纸上画出图 4-15 b 所示的图形，进行简单的计算，即可以计算出 h 的尺寸，再根据勾股定理，计算出槽的半径 $d/2$，并确定圆心的位置。在阀芯的零件图上需标注这一尺寸。

草图绘制的要求及数值圆整的方法同前面零件。

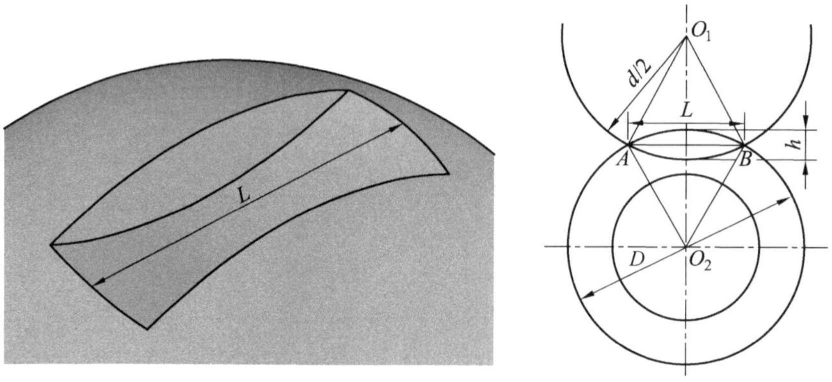

图 4-15　槽的半径测量

3. 技术要求与材料

（1）尺寸公差

阀杆与阀芯槽宽之间有配合要求，参考本章前述配合要求，确定尺寸的公差。

（2）几何公差

槽宽有对称度的几何公差要求，见图 4-14。

（3）表面粗糙度轮廓

阀芯表面均为去除材料表面，根据去除材料加工表面的光滑程度，参见附录 21，确定表面粗糙度轮廓值。表面粗糙度轮廓在图上的标注参照本书附录 22。

（4）其他技术要求

相同的表面粗糙度轮廓可以在技术要求处集中进行标注。

（5）材料代号

40Cr。

其余零件的测绘方法，如阀座、压盖、手柄，比较简单，在此不再赘述。

4.6　球阀装配图的画法

绘制球阀装配图的目的，一是表达零件之间的连接关系，二是表达球阀的工作原理，三是表达出球阀的总体尺寸及规格尺寸、配合尺寸、安装尺寸的大小。

在绘制球阀的装配图之前，必须先搞清楚球阀所有零件之间的相互连接关系。球阀的零件数量不多，结构不复杂，因此在绘装配图前可以不画示意图。

4.6.1　球阀装配图的表达方案

球阀有两条装配线，如图 4-16 所示。

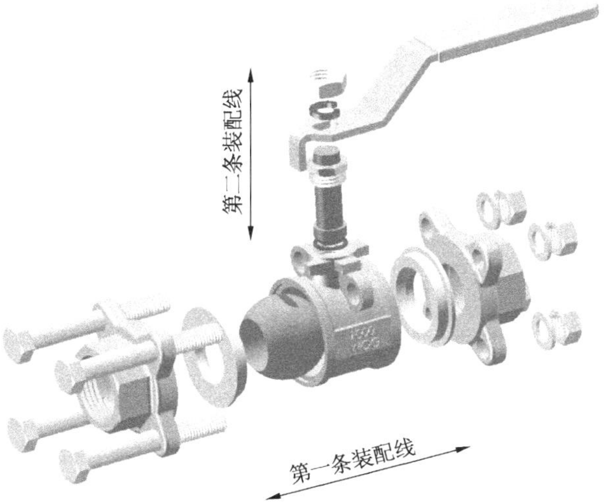

图 4-16　球阀装配线

为了表达清楚零件之间的连接关系，可选择能同时看到两条装配线的方向作为主视图，同时必须结合全剖视，如图 4-17 中的主视图所示。

一个主视图实际上几乎能把所有零件的连接关系表达清楚了，但还没有表达出阀的工作原理，以及宽度方向尺寸，同时，螺栓的连接表达得也不是很清楚，因此还需要增加一个俯视图。如图 4-17 所示，在俯视图中，可以清楚地表达出扳手的活动范围，同时也可以表达出螺栓是如何连接的，反映出宽度尺寸。根据表达的目的，俯视图只需画外形。

由于球阀的整体还没有表达得特别清楚，特别是安装部位的形状，因此可以考虑再增加一个左视图，可以是外形，或结合半剖视，用来进一步表达内部，如图 4-17 所示。

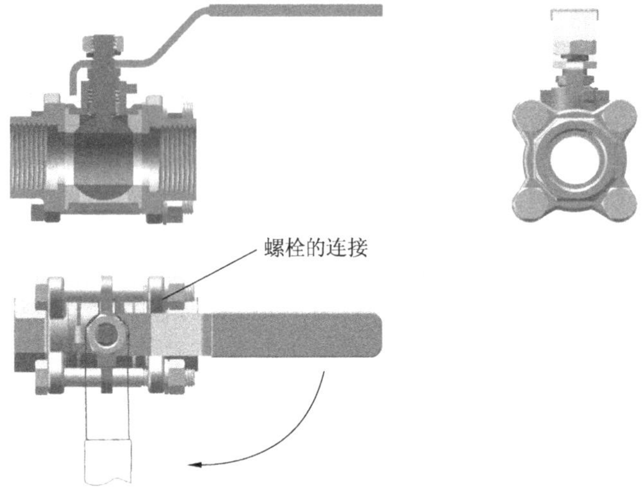

图 4-17　装配图表达方案

4.6.2　球阀装配图零件明细表

装配图绘制好后，填写图纸上右下角的明细栏。球阀零件明细见表 4-1。表 4-1 中的零件 8 的长度 L 由读者测出。

表 4-1　球阀零件明细表

序号	名称	数量	材料	备注
1	阀体	1	铸钢 WCB	
2	阀盖	2	铸钢 WCB	
3	阀杆	1	40Cr	
4	阀芯	1	40Cr	
5	压盖	1	40Cr	
6	阀座	2	聚四氟乙烯	
7	扳手	1	Q235A	
8	螺栓 M8 × L	4	Q235A	GB/T 5782—2000
9	螺母 M8	4	Q235A	GB/T 6170—2000
10	垫圈 8	4	65Mn	GB/T 97.1—2002
11	螺母 M10	1	Q235A	GB/T 6170—2000
12	弹簧垫圈 10	1	Q235A	GB/T 93—1987
13	密封圈	1	橡胶	

4.6.3　球阀装配图尺寸标注

球阀装配图中需标注如下尺寸：

(1) 性能(规格)尺寸:两个端口的螺纹尺寸。

(2) 配合尺寸:将有配合要求的部位的尺寸及配合代号标注在装配图上。

(3) 安装尺寸:两个端口的螺纹尺寸。

(4) 总体尺寸:球阀的总长、总宽、总高尺寸。

(5) 其他重要尺寸:扳手的长度尺寸。扳手是可拆卸零件,它的长度影响球阀在使用时周围空间的大小,同时也影响包装盒的制作。扳手的长度尺寸不属于前四类尺寸,属于教材中所说的“其他重要尺寸”,也须标在装配图中。

第 5 章 齿轮油泵测绘

5.1 齿轮油泵的工作原理

齿轮油泵是用来输油或增加油压作为其他机构的动力来源的设备。

齿轮油泵的工作原理,如图 5-1 所示,电动机通过带轮带动主动齿轮转动,继而带动从动齿轮旋转,在齿轮啮合区的一边产生局部真空,内腔压力降低,油池中的油便在外面大气压的作用下吸入油泵。随着齿轮的旋转,不断把油传送到啮合区的另一边,继而从油孔压出。

当油路阻塞、油压升高时,在泵盖中设置了回路装置,此时油液顶开原本堵塞在回路口部的小球,回路打开,油液通过另一端的回油口回流至入口,或者通过排油口回流至油箱。

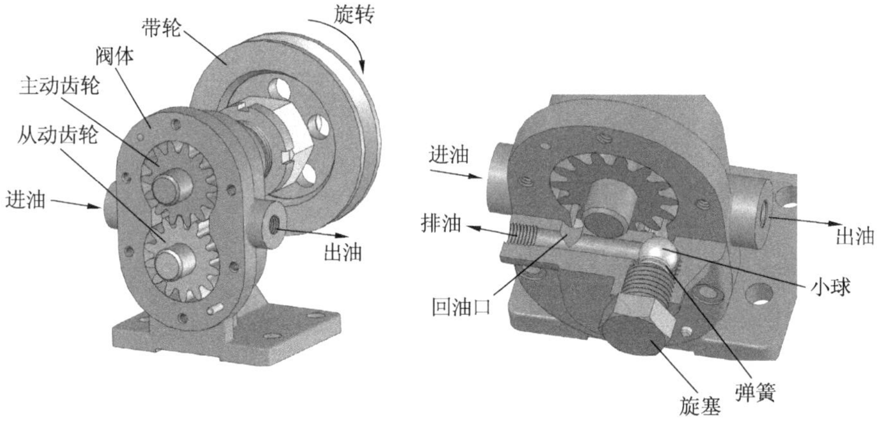

图 5-1 齿轮油泵工作原理

5.2 齿轮油泵的结构

齿轮油泵主要由泵体、泵盖、主动齿轮轴、从动齿轮轴、填料压盖、压盖螺母、锁紧螺母、皮带轮、封头螺帽、大垫圈、旋塞、小锁紧螺母、弹簧、小球、螺钉、垫圈、垫片、销、键等 19 种零件组成,如图 5-2 所示。

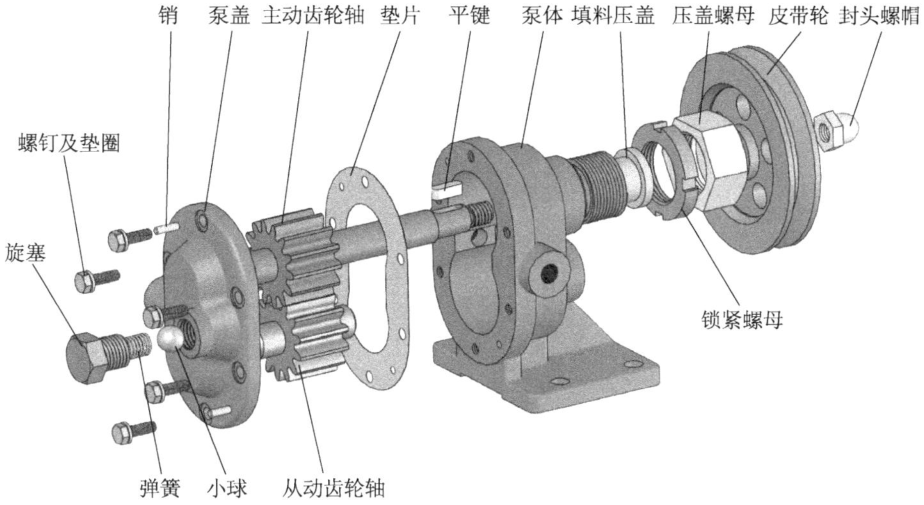

图 5-2　齿轮油泵结构

齿轮油泵中有以下几个重要的结构:

(1) 齿轮啮合传动结构

齿轮啮合传动结构由主动轴齿轮与从动轴齿轮构成。

(2) 螺纹连接结构

螺纹连接结构有螺钉、垫圈与泵盖、泵体连接;旋塞与泵盖连接;压盖螺母与泵体连接;封头螺母与主动齿轮轴的连接。

(3) 防漏结构

泵盖与泵体之间加装垫片,防止油液漏出;齿轮油泵右端为防止油液从齿轮轴与泵体连接处漏出,通过加入填料,用填料压盖压紧,使其紧密充满整个空间,再用压盖螺母将其固定,锁紧螺母防止其松动,如图 5-3 所示。

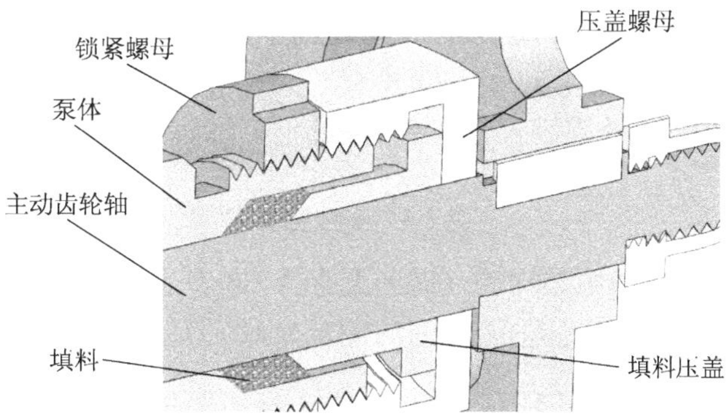

图 5-3　防漏结构

(4) 弹簧调压结构

泵盖上面为安全考虑而设计的回路装置,采用的是旋塞通过弹簧压迫小球堵塞回油口的结构,当出油腔中的油压大于弹簧的压力时,小球会被顶开,回油口打开,如图 5-4 所示。这种弹簧的压力就是安全保护压力,它的大小可以通过拧紧或放松旋塞来调整。

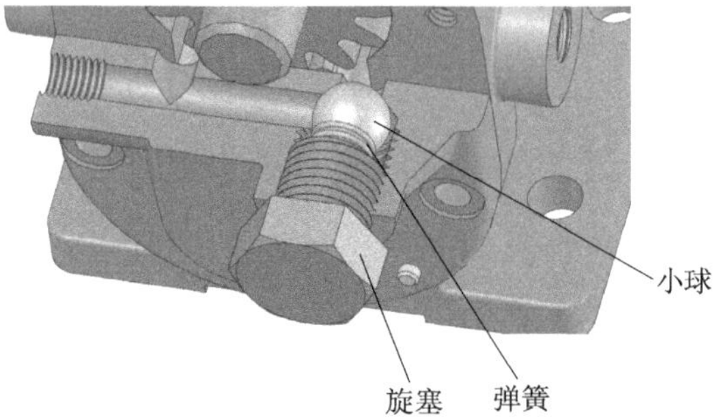

图 5-4 调压结构

5.3 齿轮油泵配合部位的要求

齿轮油泵为实现其功能,达到其技术要求,某些重要部位需要有配合关系。在齿轮油泵中存在配合要求的部位如图 5-5 所示。

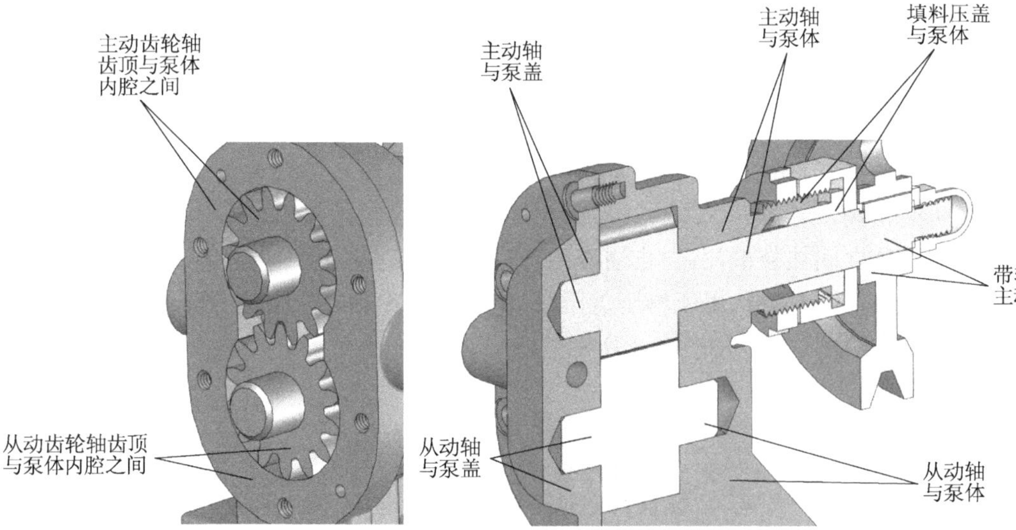

图 5-5 配合要求

(1) 主动齿轮轴齿顶与泵体内腔之间的配合为 H8/f7。

(2) 从动齿轮轴齿顶与泵体内腔之间的配合为 H8/f7。

(3) 主动轴与泵盖之间的配合为 H7/h6。

(4) 从动轴与泵盖之间的配合为 H7/h6。

(5) 主动轴与泵体之间的配合为 H7/h6。

(6) 从动轴与泵体之间的配合为 H7/h6。

(7) 填料压盖与泵体之间的配合为 H8/f8。

(8) 带轮与主动轴之间的配合为 H7/f7。

第(1)(2)两种配合的目的是既要齿轮旋转不受阻碍,同时又使输送油的效率比较高。第(3)～(8)种配合的目的是既要使它们旋转灵活,又不使其间隙过大,否则转动时会引起冲击碰撞,噪音也比较大。同时,微小的间隙可以让油在里面形成油膜,起到润滑的作用。

5.4　齿轮油泵零件的分类

组成齿轮油泵的零件同样也有标准件和非标准件。非标准件又分为轴套类零件、盘盖类零件、箱体类零件。

1. 标准件

标准件有螺钉、垫圈、平键、大垫圈、销、弹簧等,如图 5-6 所示。

螺钉和垫圈　平键　大垫圈　销　弹簧

图 5-6　标准件

2. 非标准件

(1) 轴套类零件

如图 5-7 所示,齿轮油泵轴套类零件有主动齿轮轴、从动齿轮轴、填料压盖、旋塞、小球、封头螺帽。

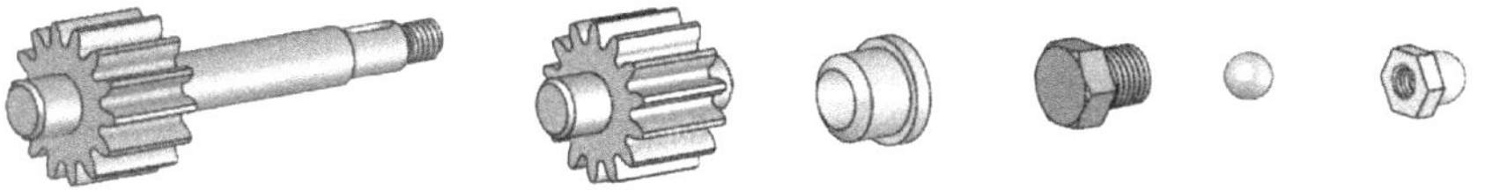

主动齿轮轴　从动齿轮轴　填料压盖　旋塞　小球　封头螺帽

图 5-7　轴套类零件

(2) 盘盖类零件

齿轮油泵盘盖类零件有带轮、泵盖、压盖螺母、小锁紧螺母、大锁紧螺母、垫片,如图 5-8 所示。

(3) 箱体类零件

齿轮油泵箱体类零件有泵体,如图 5-9 所示。

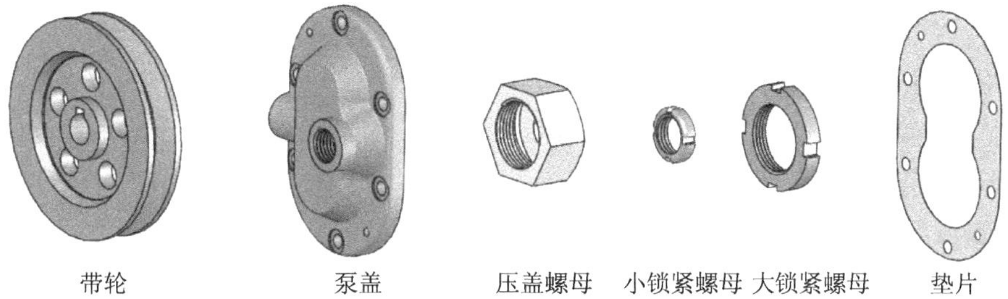

带轮　泵盖　压盖螺母　小锁紧螺母　大锁紧螺母　垫片

图 5-8　盘盖类零件

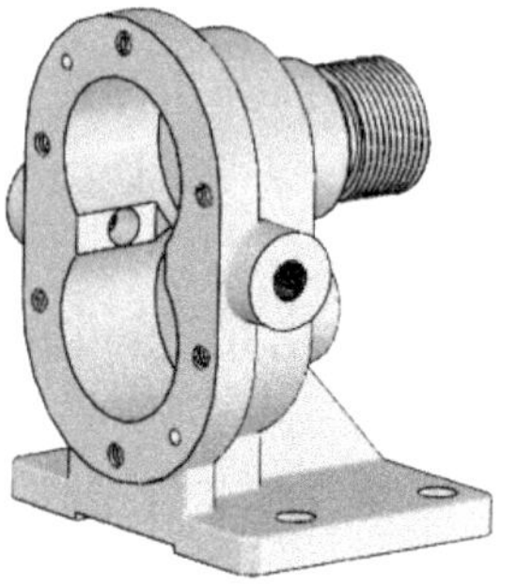

泵体

图 5-9　箱体类零件

5.5　各类零件的测绘方法与表达

5.5.1　主动齿轮轴的测绘与表达

1. 结构分析与草图绘制

主动齿轮轴是轴套类零件的代表,其结构如图 5-10 所示。主动齿轮轴为实心件,基本结构为圆柱,因此基本表达方案只需一个主视图就够了。因为齿轮轴上还有键槽,且键槽的表达一般需要两个视图,因此需要再加一个键槽处的断面图。主视图的方向应选择能表达键槽整个长圆形形状的方向。

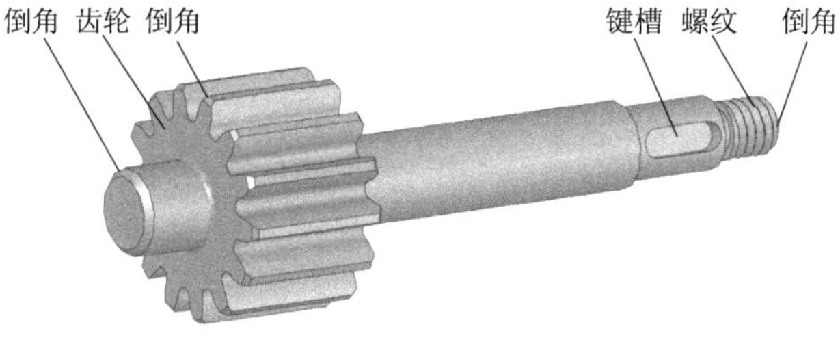

图 5-10　主动齿轮轴结构

在齿轮轴上还有其他的工艺结构,如倒角、齿轮轮齿、螺纹,它们的表达要按照国家机械制图标准的要求进行,特别是齿轮轮齿处及螺纹处的倒角。

草图绘制方法请参见第 1 章有关内容。

2. 尺寸测量与圆整

(1) 长度及直径的测量

使用游标卡尺或千分尺、钢直尺等工具进行测量。

(2) 齿轮测量

参照本书第 1.7.9 节。得出正确的齿顶圆直径、分度圆直径、齿根圆直径。

(3) 螺纹测量

参照本书第 1.7.8 节。需写出正确的螺纹代号。

（4）键槽的测量

键槽的尺寸可以参考与之配合的键的尺寸，它的尺寸可以在确定了键的尺寸后得到，键的尺寸可通过查附录14中的有关国家标准得到。

（5）尺寸圆整

参见本书第1.8节。

3. 技术要求与材料

（1）尺寸公差

① 齿轮齿顶圆因为与泵体的内腔有配合关系，它的极限偏差可以通过有关配合代号得到；

② 键槽槽宽及深度处的极限偏差查附录14得到；

③ 轴本身与泵盖、泵体、带轮有配合要求的部位也可以通过相应的配合代号得到极限偏差。

（2）几何公差

略。

（3）表面粗糙度轮廓

零件表面均为去除材料表面，参见附录21，根据外观及零件间的配合要求，确定表面粗糙度轮廓值。表面粗糙度轮廓在图上的标注参照本书附录22。

（4）其他技术要求

这部分内容以文字形式写在标题栏上方，内容大致为：

1. 未注倒角……；
2. 未注环槽……；
3. 调质220～250HBS，齿面淬火50～55HRC。

齿轮的模数m，齿数z，压力角α值，需以表格形式画在图纸的右上角。

（5）材料代号

45。

5.5.2 泵盖的测绘与表达

1. 结构分析与草图绘制

泵盖是盘盖类零件的代表，本例中的齿轮油泵泵盖比较复杂，因为在盖体内部还有回油结构，内外结构都要表达。

泵盖的基本结构为长圆形组合体，如图5-11所示，上面的结构主要有锪平孔、销孔、圆角、螺纹及盲孔。内部还有回油结构，从排油孔直通内部。

回油结构从泵盖外部看不完整，只有剖开才能看见，如图5-12所示。排油孔是加工回油结构所必需的结构，一般加工完成后，将其堵上，也可以将其利用起来，加工上螺纹，成为排油孔，可以连接管子，将回油排出泵外。

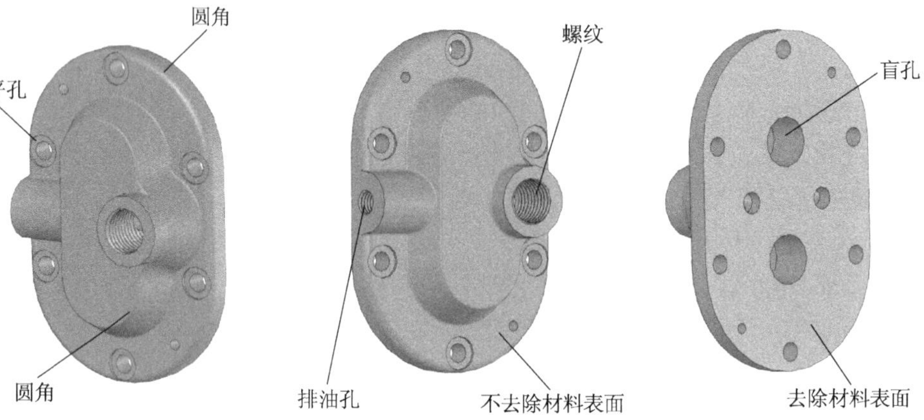

图 5-11　泵盖的结构

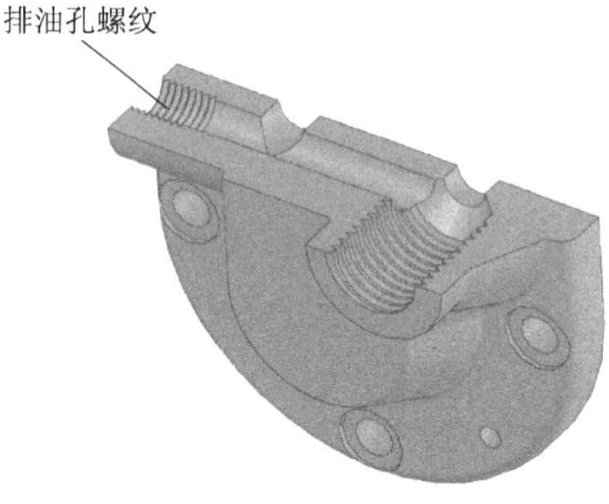

图 5-12　回油结构

泵盖的基本结构可以看成一个如图 5-13 所示的组合体。在选择表达方案时,可以先考虑该组合体应如何表达。一般来说,两个视图就可以表达清楚。

再考虑其内部的回油结构,以及回油孔、旋塞孔、锪平孔,因此还需要结合剖视、局部视图等。图 5-14 所示是一种表达方案,俯视结合全剖视,表达回油结构;左视表达排油孔的位置。但该方案未表达清楚销孔和锪平孔的深度,通还是不通?应该如何表达?请读者思考。

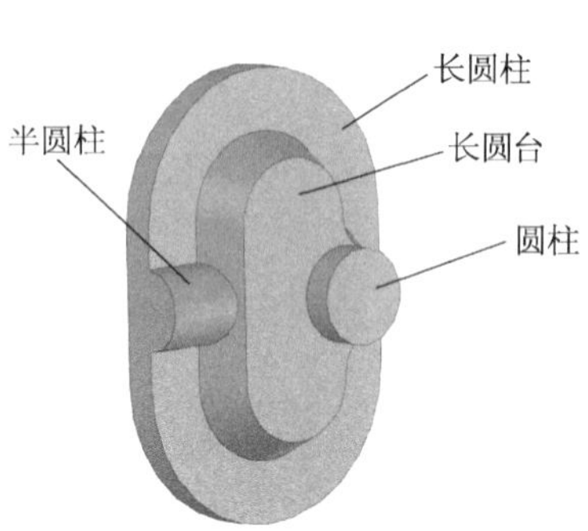

图 5-13　泵盖基本结构

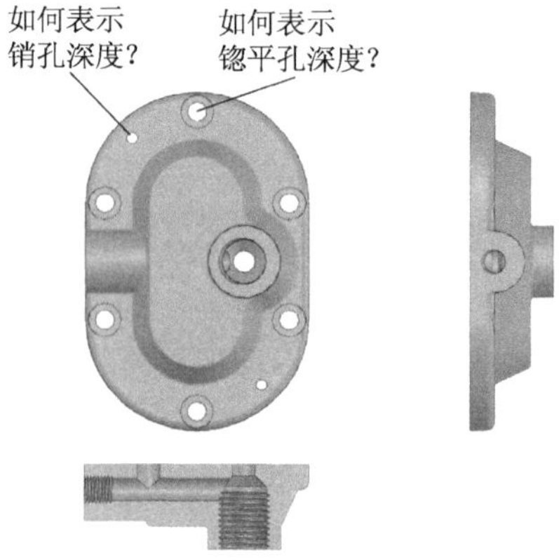

图 5-14　泵盖表达方案

草图绘制方法请参见第 1 章有关内容。

2. 尺寸测量与圆整

(1) 长度及直径的测量

使用游标卡尺或千分尺、钢直尺等工具进行测量。

(2) 螺纹测量

参照本书第 1.7.8 节。需写出正确的螺纹代号。

(3) 回油结构的测量

回油结构因为无法从外面看见,所以测量起来比较困难,可以采取测量露在外面的部位及与其相配合的零件,并通过合理推测间接完成其测量。

(4) 尺寸圆整

参见本书第 1.8 节。

3. 技术要求与材料

(1) 尺寸公差

泵盖上面与两个齿轮轴相连接的孔有配合关系,它的极限偏差可以通过有关配合代号得到。

(2) 几何公差

略。

(3) 表面粗糙度轮廓

零件表面要注意区分去除材料表面和未去除材料表面,见图 5-11。参考附录 21,根据去除材料表面外观及零件间的配合要求,确定表面粗糙度轮廓值。表面粗糙度轮廓在图上的标注参照本书附录 22。

(4) 其他技术要求

这部分内容以文字形式写在标题栏上方,内容大致为:

1. 未注倒角……;
2. 未注圆角……。

(5) 材料代号

HT200。

5.5.3　泵体的测绘与表达

1. 结构分析与草图绘制

泵体是箱体类零件的代表。它内外结构比较多,除了有容纳齿轮轴的腔体外,还有各种圆角、螺纹、销孔、通槽、肋板等,如图 5-15 所示。同时还要注意其表面还有一定的拔模斜度。

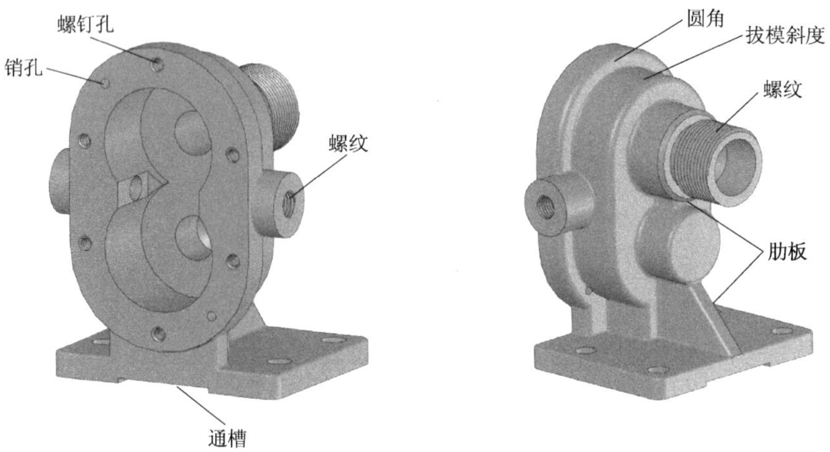

图 5-15　泵体结构

在思考泵体的表达方案时,可以先将其所有工艺结构去掉,如图 5-16 所示;也可以进一步简化,将所有孔都去掉,变成一个组合体。一般来说,箱体类零件的表达大多从 6 个基本视图中选择,如主视图、俯视图、左视图、右视图等。同时为了表达清楚内部结构,还必须结合剖视图。

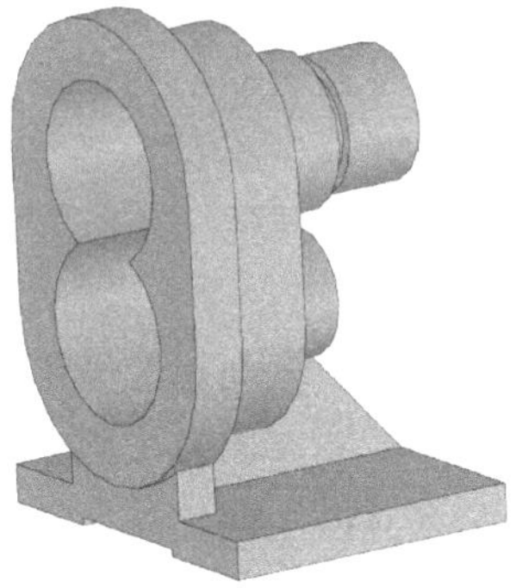

图 5-16　泵体组合体

现举两种表达方案进行讨论:

第一种方案,如图 5-17 所示。从如图所示 3 个视图入手,主视图结合全剖视。但仍然存在着 4 个问题:① 出油孔、入油孔未表达清楚;② 销孔未表达清楚;③ 肋板的厚度未表达清楚;④ 底板上孔的分布及深度未表达清楚。

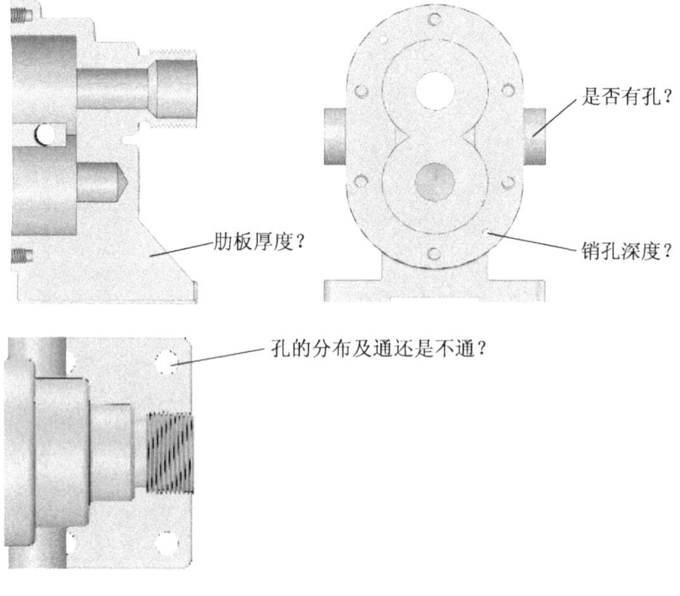

图 5-17　表达方案一

因此还需通过其他剖视图来表达，可以做成局部剖，画在左视图上，肋板的厚度可以采取断面图来表达。

第二种方案，如图 5-18 所示。从如图所示 4 个基本视图入手，左视图或右视图结合全剖视。

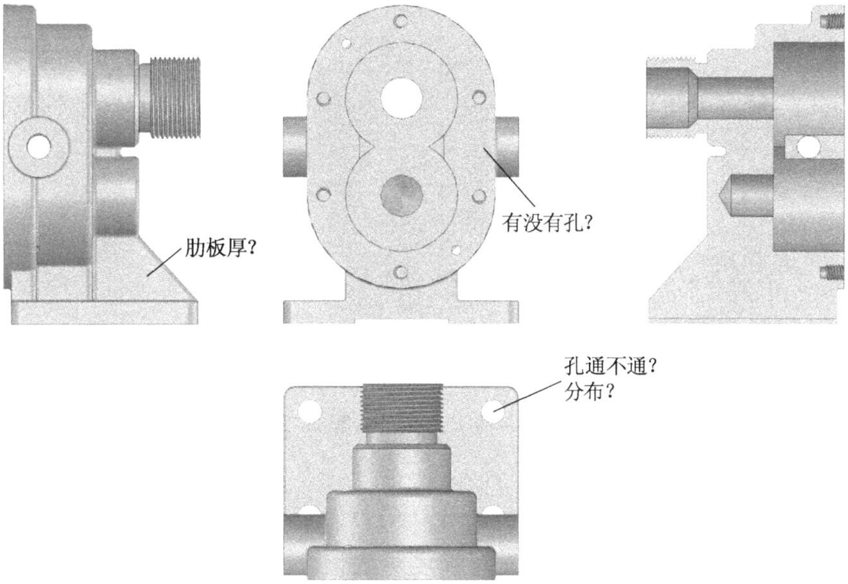

图 5-18　表达方案二

此种方案仍然存在着上一方案的 4 个问题，但由于增加了右视图，对出油口表达及外形的表达比较充分。此时，俯视图可以做成全剖视，剖切位置可以设在肋板处，可以表达清底板孔的分布和肋板的厚度。主视图结合半剖视及局部剖，可以表达入油孔及底板孔的深度。

草图绘制方法请参见第 1 章有关内容。

2. 尺寸测量与圆整

（1）长度及直径的测量

使用游标卡尺或千分尺、钢直尺等工具进行测量。

（2）螺纹测量

参照本书第 1.7.8 节。需写出正确的螺纹代号。

（3）尺寸圆整

参见本书第 1.8 节。

3. 技术要求与材料

（1）尺寸公差

① 泵体上面与两个齿轮轴相连接的孔有配合关系，它的极限偏差可以通过有关配合代号得到；

② 泵体尾部与填料压盖有配合关系，它的极限偏差也可以通过有关配合代号得到。

（2）几何公差

几何公差要求如图 5-19 所示。

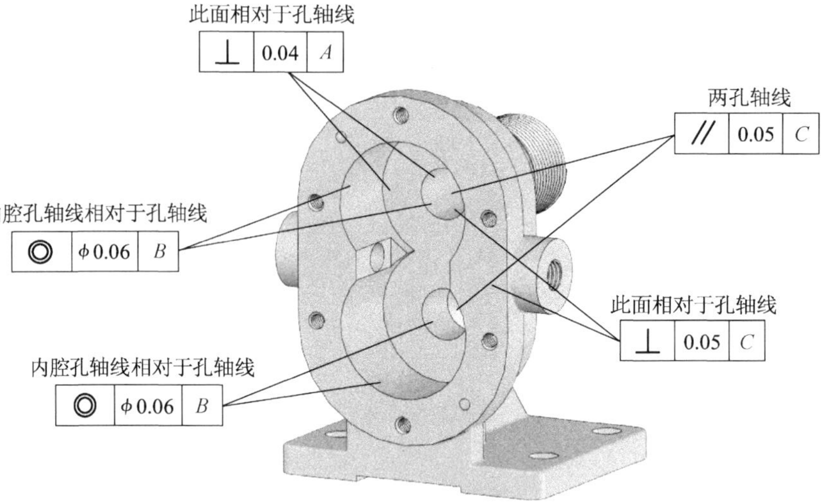

图 5-19　几何公差要求

（3）表面粗糙度轮廓

零件表面要注意区分去除材料表面和未去除材料表面，参考附录 21，根据去除材料表面外观及零件间的配合要求，确定表面粗糙度轮廓值。表面粗糙度轮廓在图上的标注参照本书附录 22。

（4）其他技术要求

这部分内容以文字形式写在标题栏上方，内容大致为：

1. 未注倒角……；
2. 未注圆角……；
3. 拔模斜度……。

（5）材料代号

HT200。

5.6　齿轮油泵装配图的画法

5.6.1　绘齿轮油泵装配示意图

绘制装配示意图的目的是用图将齿轮油泵的零件连接关系记录下来。示意图可简可繁，简单的用几根线、几个符号就可以表达某些零件，复杂的可以画得稍微详细一点。图 5-20 所示是一种齿轮油泵的装配示意图。绘好后，给每个零件编上序号，将零件按名称、数量、材料等填写在表 5-1 中，或直接标在图上。与实物对照检查，确保没有遗漏。各标准件的代号请读者自行查出。

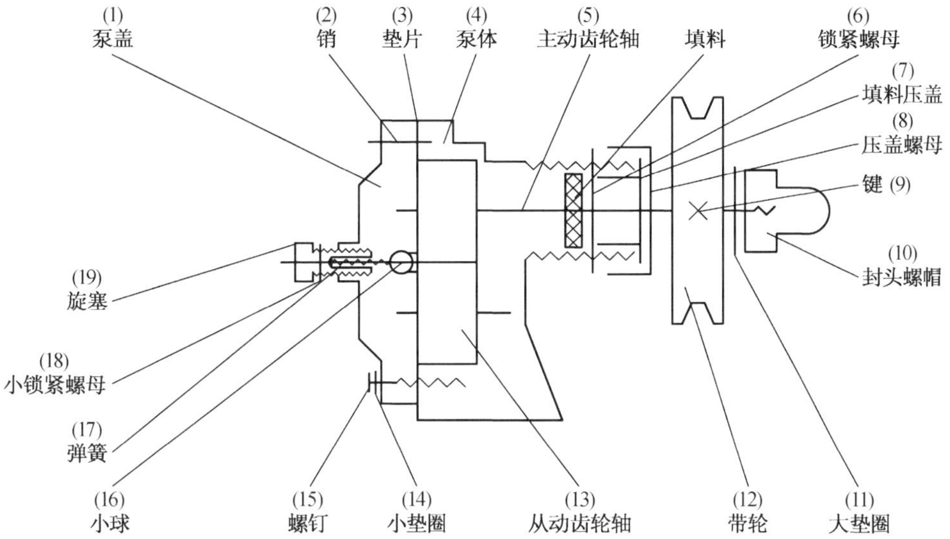

图 5-20　齿轮油泵装配示意图

表 5-1　齿轮油泵零件汇总表

序号	名称	数量	材料	备注
1	泵盖	1	HT200	
2	销	2	标准件	
3	垫片	1	纸	
4	泵体	1	HT200	
5	主动齿轮轴	1	45	
6	锁紧螺母	1	Q235A	
7	填料压盖	1	35	
8	压盖螺母	1	Q235A	
9	键	1	标准件	
10	封头螺帽	1	Q235A	
11	大垫圈	1	标准件	
12	带轮	1	ZL3	
13	从动齿轮轴	1	45	
14	小垫圈	6	标准件	
15	螺钉	6	标准件	
16	小球	1	40	
17	弹簧	1	标准件	
18	小锁紧螺母	1	Q235A	
19	旋塞	1	Q235A	

5.6.2 齿轮油泵装配图的表达方案

齿轮油泵如图 5-2 所示只有一条装配线，因此选择如图 5-21 a 所示的方向作主视图并结合剖视，可以将该装配线的大部分零件的连接关系表达清楚，如图 5-21 b 所示。

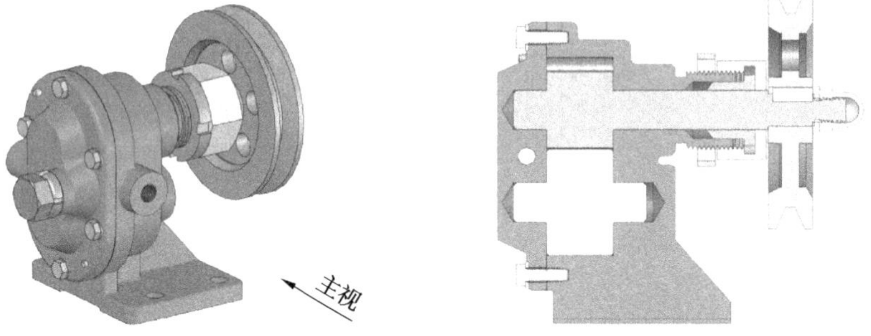

(a) (b)

图 5-21　装配图主视图选择

图 5-21 b 中有哪些部位没有表达清楚呢？第一，回油机构没有表达清楚；第二，6 个螺钉的分布没有表达清楚；第三，销连接没有表达清楚；第四，底板上安装部位的结构和尺寸没有表达清楚；第五，工作原理没有表达清楚，即动力通过带轮带动从动齿轮旋转后，是如何完成将油输送的过程的。因此，表达方案的选择可以从解决这些问题入手思考。

图 5-22 是一种表达方案，左视图结合半剖视及局部剖，表达了工作原理，同时也表达了 6 个螺钉的分布；俯视图结合局部剖表达了回油机构的原理。但是也还存在一些问题，如销连接没有表达；左视图半剖视是剖左半个好，还是像现在这样剖右半个好；俯视图底板孔被挡住一部分，表达不是很清楚，给标注尺寸也带来困难；等等。如何解决？留给读者思考。

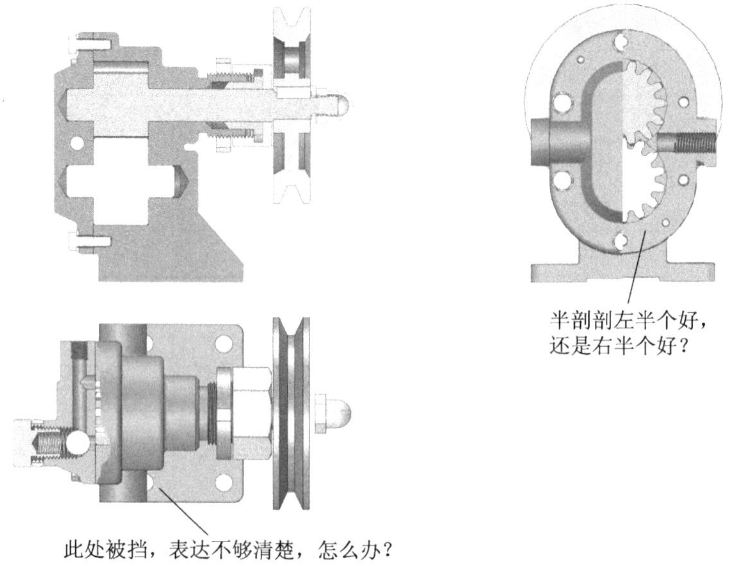

图 5-22　齿轮油泵装配图表达方案讨论

5.6.3　齿轮油泵装配图上的技术要求

装配图上的技术要求是对装配工作的技术指导和要求，是图纸上无法用图形、符号和尺寸表达的补充。齿轮油泵装配图技术要求一般可有如下内容：

(1) 全部零件在装配前，都应消除污垢、毛刺。

(2) 装配好后，检查齿轮轴的旋转灵活性，不得有卡阻、倾斜现象。

(3) 装配好后的齿轮油泵应封闭良好，不得有漏油现象。

(4) 其他技术要求应满足有关国家标准要求。

⋮

5.6.4　绘装配图时应注意的几处细节

1. 旋塞处

此处在装配图上表达时，不应将旋塞表示成拧紧到底，而应是在如图 5-23 所示处留有适当空隙，因为旋塞是调节回油压力的，这样画的目的是表示旋塞还有调节的余地。

小锁紧螺母应与泵盖贴紧，这样才能起到锁紧的作用。

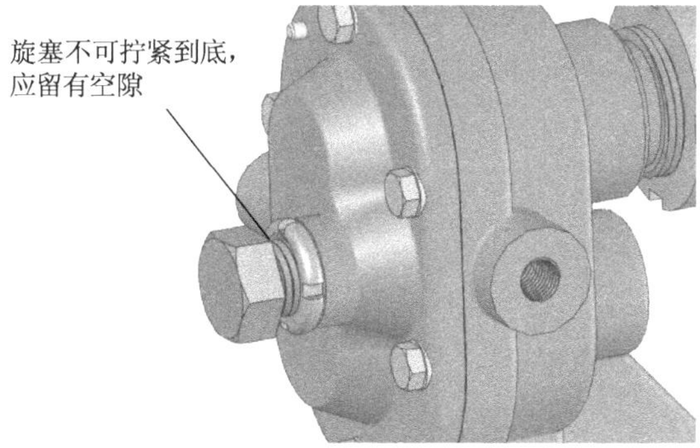

图 5-23　细节之一

2. 填料压盖处

填料压盖的作用是压紧填料，装配图上表达时，不应将其画到与泵体相接触，而应如图 5-24 所示留有适当空隙，表示还有继续压紧的余地。

压盖螺母内表面则要与填料压盖紧密贴紧，表示正起到压紧的作用。

锁紧螺母应与压盖螺母紧密贴紧，这样才能起到锁紧的作用。

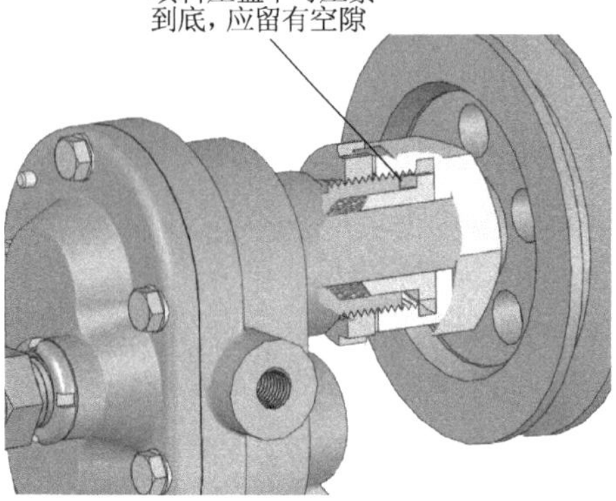

图 5-24　细节之二

5.6.5　齿轮油泵装配图尺寸标注

齿轮油泵装配图中主要标注如下尺寸：

（1）性能尺寸：也称规格尺寸，为进出油口的尺寸。

（2）配合尺寸：所有有配合要求处的尺寸。

（3）安装尺寸：底板 4 个孔的定形、定位尺寸及底板的尺寸。

（4）总体尺寸：齿轮油泵的总长、总宽、总高尺寸。

测绘任务书

一、测绘目的

“工程图学”(“机械制图”)是一门理论性、实践性都很强的工程技术基础课程。由于零件图和装配图的绘制与生产实践结合非常紧密,因此只通过有限的理论性教学是很难熟练地掌握的。在实践中学、在真实的情境中学,加强实践性教学环节,使理论与实际有效地结合是提高机械制图技能的一种有效的方法,为此开设了一周的制图测绘训练,使学生们提高实际动手能力,熟练使用工具书,进一步掌握手工绘图与仪器绘图的方法,培养严谨的学习态度,为后继课程打下扎实的基础。

二、测绘内容

以下测绘内容由教师指定其一:

(1) 一级圆柱齿轮减速器

(2) 球阀

(3) 齿轮油泵

三、测绘要求

(1) 熟悉测绘体的工作原理、基本结构,了解各零件的作用,并能正确、熟练地拆卸和安装测绘体。

(2) 严格按照《机械制图》国家标准的规定,绘制零件图和装配图,按时独立完成绘图任务。

(3) 按要求分组进行测绘,每组 3 ~ 5 人,设组长 1 人,每组发 1 套测绘仪器和 1 台测绘体。测绘结束归还设备时,应将测绘体装配无误后有序归还,严防丢失零件。

(4) 学生测绘用的量具、工具和测绘体,每天用后组长应清点、记录,不应损坏或丢失。测绘体如果当天没有测绘结束,应在当天工作结束后,先装配起来,以防零件散失。如有损坏或丢失,组长应及时将责任人和原因报告指导教师。指导教师将视情况令当事人按价赔偿。若不能明确当事人,应由该小组人员平均分摊赔偿责任。

零部件、量具、工具不许个人擅自带回宿舍。

四、应完成的任务

(1) 测绘零件草图每组 1 套(A3 方格纸)或每人 1 套(由指导教师指定);

(2) 手工绘制内容由指导教师安排,一般不少于 4 个零件图,每人 1 套图纸(A3 ~ A1 自定);

(3) 手工绘制装配图每人 1 张(A1 图纸或 A2 图纸)。

五、测绘进度及工作量安排

以下测绘进度以一周时间为例。如不一致,由指导教师调整。

序号	内容	时间
1	布置测绘任务,阅读测绘指导书,拆卸部件	0.5 天
2	画全部草图(标准件除外)、零件图	1.5 天
3	画零件图、装配图	2.5 天
4	总结、验收、上交	0.5 天
5	合计	5.0 天

六、测绘实训成绩考核办法

1. 测绘成绩可以按优、良、中、及格、不及格五级分制来评定成绩,或者按 1 个错误扣多少分,测算成百分制分数的形式来评定。

2. 成绩评定最好通过答辩的方式公开评定。既可以公开透明成绩评定的过程,又可以让学生明白错误之处,以利后续改正。

2. 成绩包含两个方面:

(1) 图纸(含草图)的数量、质量,完成的情况等;

(2) 工作表现、出勤率等。

3. 最后上交资料:

(1) 草图 1 套,装订成册;

(2) 工程图 1 套,零件图与装配图折叠后装订成册。

参考文献

[1] 李月琴,何培英,段红杰. 机械零部件测绘[M]. 北京:中国电力出版社,2007.
[2] 王家祥,陆玉兵. 机械制图测绘实训[M]. 北京:北京理工大学出版社,2011.
[3] 金茵. 机械制图测绘指导书[M]. 北京:中国水利水电出版社,2012.
[4] 宜沈平. 减速器课程设计指导书及图册[M]. 南京:东南大学出版社,2010.
[5] 张美芸,陈凌佳,陈磊. 公差配合与测量[M]. 2 版. 北京:北京理工大学出版社,2010.
[6] 李承先. 机器测绘学[M]. 西安:西北工业大学出版社,1991.

附 录

附录1 标准公差数值(GB/T 1800.1—2009)

公称尺寸/mm		标准公差数值													
		IT1	IT2	IT3	IT4	IT5	IT6	IT7	IT8	IT9	IT10	IT11	IT12	IT13	IT14
大于	至	μm											mm		
–	3	0.8	1.2	2	3	4	6	10	14	25	40	60	0.1	0.14	0.25
3	6	1	1.5	2.5	4	5	8	12	18	30	48	75	0.12	0.18	0.3
6	10	1	1.5	2.5	4	6	9	15	22	36	58	90	0.15	0.22	0.36
10	18	1.2	2	3	5	8	11	18	27	43	70	110	0.18	0.27	0.43
18	30	1.5	2.5	4	6	9	13	21	33	52	84	130	0.21	0.33	0.52
30	50	1.5	2.5	4	7	11	16	25	39	62	100	160	0.25	0.39	0.62
50	80	2	3	5	8	13	19	30	46	74	120	190	0.3	0.46	0.74
80	120	2.5	4	6	10	15	22	35	54	87	140	220	0.35	0.54	0.87
120	180	3.5	5	8	12	18	25	40	63	100	160	250	0.4	0.63	1
180	250	4.5	7	10	14	20	29	46	72	115	185	290	0.46	0.72	1.15

附录2 公称尺寸至500 mm的轴、孔公差带(GB/T 1801—2009)

1. 轴的公差带公称尺寸至 **500 mm** 的轴公差带规定如下,选择时,应优先选用圆圈中的公差带,其次选用方框中的公差带,最后选用其他的公差带。

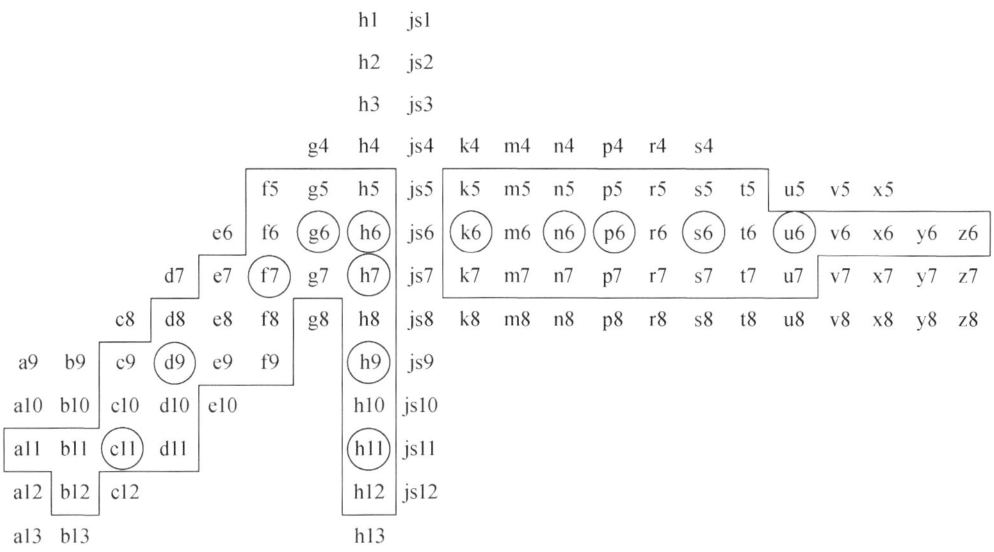

2. 孔的公差带公称尺寸至 **500 mm** 的孔公差带规定如下,选择时,应优先选用圆圈中的公差带,其次选用方框中的公差带,最后选用其他的公差带。

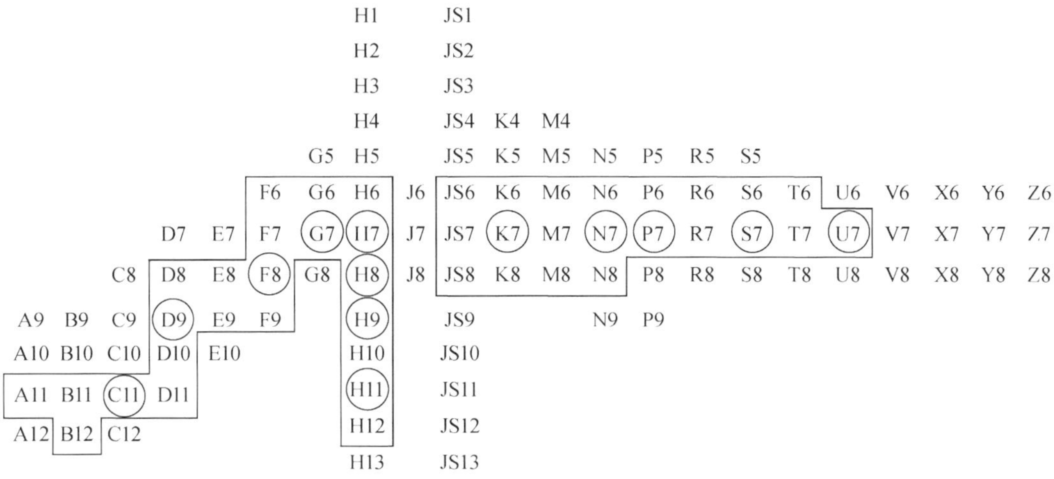

附录 3　基孔制与基轴制优先配合的极限间隙或极限过盈(GB/T1801—2009)

μm

<table>
<tr><td colspan="2">基孔制</td><td>H7/g6</td><td>H7/h6</td><td>H8/f7</td><td>H8/h7</td><td>H9/d9</td><td>H9/h9</td><td>H11/c11</td><td>H11/h11</td><td>H7/k6</td><td>H7/n6</td><td>H7/p6</td><td>H7/s6</td><td>H7/u6</td></tr>
<tr><td colspan="2">基轴制</td><td>G7/h6</td><td>H7/h6</td><td>F8/h7</td><td>H8/h7</td><td>D9/h9</td><td>H9/h9</td><td>C11/h11</td><td>H11/h11</td><td>K7/h6</td><td>N7/h6</td><td>P7/h6</td><td>S7/h6</td><td>U7/h6</td></tr>
<tr><td rowspan="15">公称尺寸/mm</td><td>>10~18</td><td>+35
+6</td><td>+29
0</td><td>+61
+16</td><td>+45
0</td><td>+136
+50</td><td>+86
0</td><td>+315
+95</td><td>+220
0</td><td>+17
-12</td><td>+6
-23</td><td>0
-29</td><td>-10
-39</td><td>-15
-44</td></tr>
<tr><td>>18~24</td><td rowspan="2">+41
+7</td><td rowspan="2">+34
0</td><td rowspan="2">+74
+20</td><td rowspan="2">+54
0</td><td rowspan="2">+169
+65</td><td rowspan="2">+104
0</td><td rowspan="2">+370
+110</td><td rowspan="2">+260
0</td><td rowspan="2">+19
-15</td><td rowspan="2">+6
-28</td><td rowspan="2">-1
-35</td><td rowspan="2">-14
-48</td><td>-20
-54</td></tr>
<tr><td>>24~30</td><td>-27
-61</td></tr>
<tr><td>>30~40</td><td rowspan="2">+50
+9</td><td rowspan="2">+41
0</td><td rowspan="2">+89
+25</td><td rowspan="2">+64
0</td><td rowspan="2">+204
+80</td><td rowspan="2">+124
0</td><td>+440
+120</td><td rowspan="2">+320
0</td><td rowspan="2">+23
-18</td><td rowspan="2">+8
-33</td><td rowspan="2">-1
-42</td><td rowspan="2">-18
-59</td><td>-35
-76</td></tr>
<tr><td>>40~50</td><td>+450
+130</td><td>-45
-86</td></tr>
<tr><td>>50~65</td><td rowspan="2">+59
+10</td><td rowspan="2">+49
0</td><td rowspan="2">+106
+30</td><td rowspan="2">+76
0</td><td rowspan="2">+248
+100</td><td rowspan="2">+148
0</td><td>+520
+140</td><td rowspan="2">+380
0</td><td rowspan="2">+28
-21</td><td rowspan="2">+10
-39</td><td rowspan="2">-2
-51</td><td></td><td>-57
-106</td></tr>
<tr><td>>65~80</td><td>+530
+150</td><td>-29
-78</td><td>-72
-121</td></tr>
<tr><td>>80~100</td><td rowspan="2">+69
+12</td><td rowspan="2">+57
0</td><td rowspan="2">+125
+36</td><td rowspan="2">+89
0</td><td rowspan="2">+294
+120</td><td rowspan="2">+174
0</td><td>+610
+170</td><td rowspan="2">+440
0</td><td rowspan="2">+32
-25</td><td rowspan="2">+12
-45</td><td rowspan="2">-2
-59</td><td>-36
-93</td><td>-89
-146</td></tr>
<tr><td>>100~120</td><td>+620
+180</td><td>-44
-101</td><td>-109
-166</td></tr>
<tr><td>>120~140</td><td rowspan="3">+79
+14</td><td rowspan="3">+65
0</td><td rowspan="3">+146
+43</td><td rowspan="3">+103
0</td><td rowspan="3">+345
+145</td><td rowspan="3">+200
0</td><td>+700
+200</td><td rowspan="3">+500
0</td><td rowspan="3">+37
-28</td><td rowspan="3">+13
-52</td><td rowspan="3">-3
-68</td><td>-52
-117</td><td>-130
-195</td></tr>
<tr><td>>140~160</td><td>+710
+210</td><td>-60
-125</td><td>-150
-215</td></tr>
<tr><td>>160~180</td><td>+730
+230</td><td>-68
-133</td><td>-170
-235</td></tr>
<tr><td>>180~200</td><td rowspan="3">+90
+15</td><td rowspan="3">+75
0</td><td rowspan="3">+168
+50</td><td rowspan="3">+118
0</td><td rowspan="3">+400
+170</td><td rowspan="3">+230
0</td><td>+820
+240</td><td rowspan="3">+580
0</td><td rowspan="3">+42
-33</td><td rowspan="3">+15
-60</td><td rowspan="3">-4
-79</td><td>-76
-151</td><td>-190
-265</td></tr>
<tr><td>>200~225</td><td>+840
+260</td><td>-84
-159</td><td>-212
-287</td></tr>
<tr><td>>225~250</td><td>+860
+280</td><td>-94
-169</td><td>-238
-313</td></tr>
</table>

续表

<table>
<tr><td colspan="2">基孔制</td><td>$\frac{H7}{g6}$</td><td>$\frac{H7}{h6}$</td><td>$\frac{H8}{f7}$</td><td>$\frac{H8}{h7}$</td><td>$\frac{H9}{d9}$</td><td>$\frac{H9}{h9}$</td><td>$\frac{H11}{c11}$</td><td>$\frac{H11}{h11}$</td><td>$\frac{H7}{k6}$</td><td>$\frac{H7}{n6}$</td><td>$\frac{H7}{p6}$</td><td>$\frac{H7}{s6}$</td><td>$\frac{H7}{u6}$</td></tr>
<tr><td colspan="2">基轴制</td><td>$\frac{G7}{h6}$</td><td>$\frac{H7}{h6}$</td><td>$\frac{F8}{h7}$</td><td>$\frac{H8}{h7}$</td><td>$\frac{D9}{h9}$</td><td>$\frac{H9}{h9}$</td><td>$\frac{C11}{h11}$</td><td>$\frac{H11}{h11}$</td><td>$\frac{K7}{h6}$</td><td>$\frac{N7}{h6}$</td><td>$\frac{P7}{h6}$</td><td>$\frac{S7}{h6}$</td><td>$\frac{U7}{h6}$</td></tr>
<tr><td rowspan="6">公称尺寸/mm</td><td>>250～280</td><td rowspan="2">+101
+17</td><td rowspan="2">+84
0</td><td rowspan="2">+189
+56</td><td rowspan="2">+133
0</td><td rowspan="2">+450
+190</td><td rowspan="2">+260
0</td><td>+940
+300</td><td rowspan="2">+640
0</td><td rowspan="2">+48
-36</td><td rowspan="2">+18
-66</td><td rowspan="2">-4
-88</td><td>-106
-190</td><td>-263
-347</td></tr>
<tr><td>>280～315</td><td>+970
+330</td><td>-118
-202</td><td>-298
-382</td></tr>
<tr><td>>315～355</td><td rowspan="2">+111
+18</td><td rowspan="2">+93
0</td><td rowspan="2">+208
+62</td><td rowspan="2">+146
0</td><td rowspan="2">+490
+210</td><td rowspan="2">+280
0</td><td>+1080</td><td rowspan="2">+720
0</td><td rowspan="2">+53
-40</td><td rowspan="2">+20
-73</td><td rowspan="2">-5
-98</td><td>-133
-226</td><td>-333
-426</td></tr>
<tr><td>>355～400</td><td>+360</td><td>-151
-244</td><td>-378
-471</td></tr>
<tr><td>>400～450</td><td rowspan="2">+123
+20</td><td rowspan="2">+103
0</td><td rowspan="2">+228
+68</td><td rowspan="2">+160
0</td><td rowspan="2">+540
+230</td><td rowspan="2">+310
0</td><td>+1240
+440</td><td rowspan="2">+800
0</td><td rowspan="2">+58
-45</td><td rowspan="2">+23
-80</td><td rowspan="2">-5
-108</td><td>-169
-272</td><td>-427
-530</td></tr>
<tr><td>>450～500</td><td>+1280
+480</td><td>-189
-292</td><td>-477
-580</td></tr>
</table>

附录 4　轴的基本偏差（GB/T 1800.1—2009）

μm

公称尺寸/mm		基本偏差数值（上极限偏差 es）											
		所有标准公差等级											
大于	至	a	b	c	cd	d	e	ef	f	fg	g	h	js
-	3	-270	-140	-60	-34	-20	-14	-10	-6	-4	-2	0	
3	6	-270	-140	-70	-46	-30	-20	-14	-10	-6	-4	0	
6	10	-280	-150	-80	-56	-40	-25	-18	-13	-8	-5	0	
10	14	-290	-150	-95		-50	-32		-16		-6	0	
14	18												
18	24	-300	-160	-110		-65	-40		-20		-7	0	
24	30												
30	40	-310	-170	-120		-80	-50		-25		-9	0	
40	50	-320	-180	-130									
50	65	-340	-190	-140		-100	-60		-30		-10	0	偏差为 $\pm\frac{IT_n}{2}$，其中 IT_n 是 IT 值数
65	80	-360	-200	-150									
80	100	-380	-220	-170		-120	-72		-36		-12	0	
100	120	-410	-240	-180									
120	140	-460	-260	-200		-145	-85		-43		-14	0	
140	160	-520	-280	-210									
160	180	-580	-310	-230									
180	200	-660	-340	-240		-170	-100		-50		-15	0	
200	225	-740	-380	-260									
225	250	-820	-420	-280									
250	280	-920	-480	-300		-190	-110		-56		-17	0	
280	315	-1 050	-540	-330									

续表

公称尺寸/mm		基本偏差数值(下极限偏差 ei)																		
		IT5 和 IT6	IT7	IT8	IT4 ~ IT7	≤IT3 >IT7	所有标准公差等级													
大于	至	j			k		m	n	p	r	s	t	u	v	x	y	z	za	zb	zc
–	3	–2	–4	–6	0	0	+2	+4	+6	+10	+14		+18		+20		+26	+32	+40	+60
3	6	–2	–4		+1	0	+4	+8	+12	+15	+19		+23		+28		+35	+42	+50	+80
6	10	–2	–5		+1	0	+6	+10	+15	+19	+23		+28		+34		+42	+52	+67	+97
10	14	–3	–6		+1	0	+7	+12	+18	+23	+28		+33		+40		+50	+64	+90	+130
14	18													+39	+45		+60	+77	+108	+150
18	24	–4	–8		+2	0	+8	+15	+22	+28	+35		+41	+47	+54	+63	+73	+98	+136	+188
24	30											+41	+48	+55	+64	+75	+88	+118	+160	+218
30	40	–5	–10		+2	0	+9	+17	+26	+34	+43	+48	+60	+68	+80	+94	+112	+148	+200	+274
40	50											+54	+70	+81	+97	+114	+136	+180	+242	+325
50	65	–7	–12		+2	0	+11	+20	+32	+41	+53	+66	+87	+102	+122	+144	+172	+226	+300	+405
65	80									+43	+59	+75	+102	+120	+146	+174	+210	+274	+360	+480
80	100	–9	–15		+3	0	+13	+23	+37	+51	+71	+91	+124	+146	+178	+214	+258	+335	+445	+585
100	120									+54	+79	+104	+144	+172	+210	+254	+310	+400	+525	+690
120	140	–11	–18		+3	0	+15	+27	+43	+63	+92	+122	+170	+202	+248	+300	+365	+470	+620	+800
140	160									+65	+100	+134	+190	+228	+280	+340	+415	+535	+700	+900
160	180									+68	+108	+146	+210	+252	+310	+380	+465	+600	+780	+1 000
180	200	–13	–21		+4	0	+17	+31	+50	+77	+122	+166	+236	+284	+350	+425	+520	+670	+880	+1 150
200	225									+80	+130	+180	+258	+310	+385	+470	+575	+740	+960	+1 250
225	250									+84	+140	+196	+284	+340	+425	+520	+640	+820	+1 050	+1 350
250	280	–16	–26		+4	0	+20	+34	+56	+94	+158	+218	+315	+385	+475	+580	+710	+920	+1 200	+1 550
280	315									+98	+170	+240	+350	+425	+525	+650	+790	+1 000	+1 300	+1 700

附录 5　孔的基本偏差(GB/T 1800.1—2009)

μm

公称尺寸/mm		基本偏差数值																					
		下极限偏差 EI												上极限偏差 ES									
大于	至	所有标准公差等级												IT6	IT7	IT8	≤IT8	>IT8	≤IT8	>IT8	≤IT8	>IT8	≤IT7
		A	B	C	CD	D	E	EF	F	FG	G	H	JS	J			K		M		N		P 至 ZC
—	3	+270	+140	+60	+34	+20	+14	+10	+6	+4	+2	0	偏差为 $\pm\frac{IT_n}{2}$，其中 IT_n 是 IT 值数	+2	+4	+6	0	0	−2	−2	−4	−4	在大于 IT7 的相应数值上增加一个 Δ 值
3	6	+270	+140	+70	+46	+30	+20	+14	+10	+6	+4	0		+5	+6	+10	−1+Δ		−4+Δ	−4	−8+Δ	0	
6	10	+280	+150	+80	+56	+40	+25	+18	+13	+8	+5	0		+5	+8	+12	−1+Δ		−6+Δ	−6	−10+Δ	0	
10	14	+290	+150	+95		+50	+32		+16		+6	0		+6	+10	+15	−1+Δ		−7+Δ	−7	−12+Δ	0	
14	18																						
18	24	+300	+160	+110		+65	+40		+20		+7	0		+8	+12	+20	−2+Δ		−8+Δ	−8	−15+Δ	0	
24	30																						
30	40	+310	+170	+120		+80	+50		+25		+9	0		+10	+14	+24	−2+Δ		−9+Δ	−9	−17+Δ	0	
40	50	+320	+180	+130																			
50	65	+340	+190	+140		+100	+60		+30		+10	0		+13	+18	+28	−2+Δ		−11+Δ	−11	−20+Δ	0	
65	80	+360	+200	+150																			
80	100	+380	+220	+170		+120	+72		+36		+12	0		+16	+22	+34	−3+Δ		−13+Δ	−13	−23+Δ	0	
100	120	+410	+240	+180																			
120	140	+460	+260	+200		+145	+85		+43		+14	0		+18	+26	+41	−3+Δ		−15+Δ	−15	−27+Δ	0	
140	160	+520	+280	+210																			
160	180	+580	+310	+230																			
180	200	+660	+340	+240		+170	+100		+50		+15	0		+22	+30	+47	−4+Δ		−17+Δ	−17	−31+Δ	0	
200	225	+740	+380	+260																			
225	250	+820	+420	+280																			
250	280	+920	+480	+300		+190	+110		+56		+17	0		+25	+36	+55	−4+Δ		−20+Δ	−20	−34+Δ	0	
280	315	+1 050	+540	+330																			

续表

公称尺寸/mm		基本偏差数值												Δ值					
		上极限偏差 ES																	
		标准公差等级大于 IT7												标准公差等级					
大于	至	P	R	S	T	U	V	X	Y	Z	ZA	ZB	ZC	IT3	IT4	IT5	IT6	IT7	IT8
—	3	-6	-10	-14		-18		-20		-26	-32	-40	-60	0	0	0	0	0	0
3	6	-12	-15	-19		-23		-28		-35	-42	-50	-80	1	1.5	1	3	4	6
6	10	-15	-19	-23		-28		-34		-42	-52	-67	-97	1	1.5	2	3	6	7
10	14	-18	-23	-28		-33		-40		-50	-64	-90	-130	1	2	3	3	7	9
14	18						-39	-45		-60	-77	-108	-150						
18	24	-22	-28	-35		-41	-47	-54	-63	-73	-98	-136	-188	1.5	2	3	4	8	12
24	30				-41	-48	-55	-64	-75	-88	-118	-160	-218						
30	40	-26	-34	-43	-48	-60	-68	-80	-94	-112	-148	-200	-274	1.5	3	4	5	9	14
40	50				-54	-70	-81	-97	-114	-136	-180	-242	-325						
50	65	-32	-41	-53	-66	-87	-102	-122	-144	-172	-226	-300	-405	2	3	5	6	11	16
65	80		-43	-59	-75	-102	-120	-146	-174	-210	-274	-360	-480						
80	100	-37	-51	-71	-91	-124	-146	-178	-214	-258	-335	-445	-585	2	4	5	7	13	19
100	120		-54	-79	-104	-144	-172	-210	-254	-310	-400	-525	-690						
120	140	-43	-63	-92	-122	-170	-202	-248	-300	-365	-470	-620	-800	3	4	6	7	15	23
140	160		-65	-100	-134	-190	-228	-280	-340	-415	-535	-700	-900						
160	180		-68	-108	-146	-210	-252	-310	-380	-465	-600	-780	-1 000						
180	200	-50	-77	-122	-166	-236	-284	-350	-425	-520	-670	-880	-1 150	3	4	6	9	17	26
200	225		-80	-130	-180	-258	-310	-385	-470	-575	-740	-960	-1 250						
225	250		-84	-140	-196	-284	-340	-425	-520	-640	-820	-1 050	-1 350						
250	280	-56	-94	-158	-218	-315	-385	-475	-580	-710	-920	-1 200	-1 550	4	4	7	9	20	29
280	315		-98	-170	-240	-350	-425	-525	-650	-790	-1 000	-1 300	-1 700						

附录 6　普通螺纹(GB/T193—2003,GB/T196—2003)

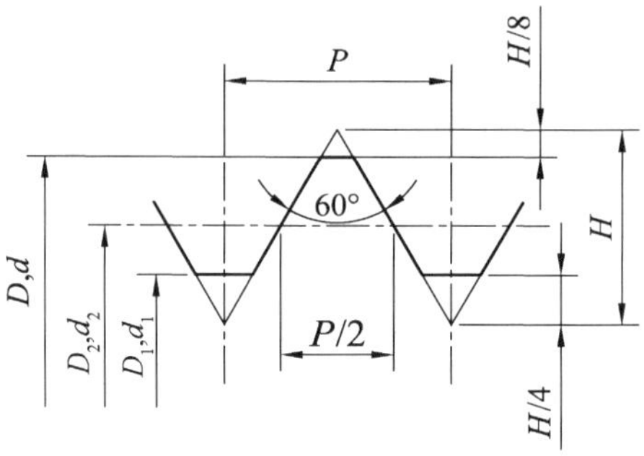

$$H=\frac{\sqrt{3}}{2}P$$

附表 6-1　直径与螺距系列、基本尺寸

mm

公称直径 D,d		螺距 P		粗牙小径 D_1,d_1	公称直径 D,d		螺距 P		粗牙小径 D_1,d_1
第1系列	第2系列	粗牙	细牙		第1系列	第2系列	粗牙	细牙	
3		0.5	0.35	2.459		22	2.5	2, 1.5, 1, (0.75), (0.5)	19.294
	3.5	(0.6)		2.850	24		3	2, 1.5, 1, (0.75)	20.752
4		0.7		3.242		27	3	2, 1.5, 1, (0.75)	23.752
	4.5	(0.75)	0.5	3.688	30		3.5	(3), 2, 1.5, 1, (0.75)	26.211
5		0.8		4.134		33	3.5	(3), 2, 1.5, (1), (0.75)	29.211
6		1	0.75, (0.5)	4.917	36		4	3, 2, 1.5, (1)	31.670
8		1.25	1, 0.75, (0.5)	6.647		39	4		34.670
10		1.5	1.25, 1, 0.75, (0.5)	8.376	42		4.5	(4), 3, 2, 1.5, (1)	37.129
12		1.75	1.5, 1.25, 1, (0.75), (0.5)	10.106	45	4.5			40.129
	14	2	1.5, (1.25), 1, (0.75), (0.5)	11.835	48		5		42.587
16		2	1.5, 1, (0.75), (0.5)	13.835		52	5		46.587

续表

公称直径 D,d		螺距 P		粗牙小径 D_1,d_1	公称直径 D,d		螺距 P		粗牙小径 D_1,d_1
第1系列	第2系列	粗牙	细牙		第1系列	第2系列	粗牙	细牙	
	18	2.5	2, 1.5, 1, (0.75), (0.5)	15.294	56		5.5	4, 3, 2, 1.5, (1)	50.046
20		2.5		17.294					

注:① 优先选用第一系列,括号内尺寸尽可能不用。第三系列未列入。
② 中径未列入。

附表 6-2 细牙普通螺纹螺距与小径的关系 mm

螺距 P	小径 D_1,d_1	螺距 P	小径 D_1,d_1	螺距 P	小径 D_1,d_1
0.35	$d-1+0.621$	1	$d-2+0.918$	2	$d-3+0.835$
0.5	$d-1+0.459$	1.25	$d-2+0.647$	3	$d-4+0.752$
0.75	$d-1+0.188$	1.5	$d-2+0.376$	4	$d-5+0.670$

附录 7　梯形螺纹(GB/T 5796.2—2005,GB/T 5796.3—2005)

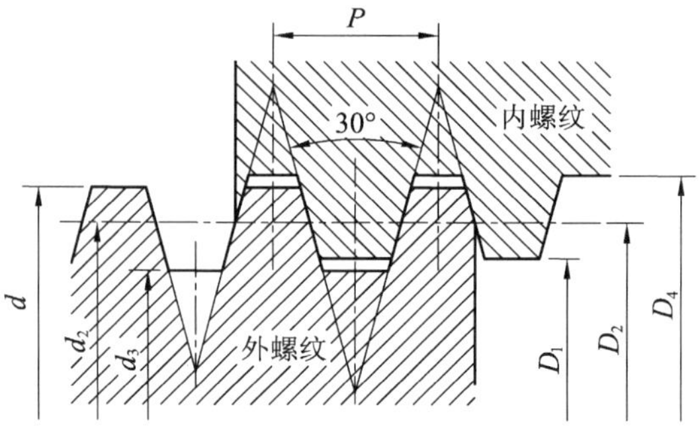

mm

公称直径 d		螺距 P	中径 $d_2=D_2$	大径 D_4	小径		公称直径 d		螺距 P	中径 $d_2=D_2$	大径 D_4	小径	
第一系列	第二系列				d_3	D_1	第一系列	第二系列				d_3	D_1
8		1.5	7.25	8.3	6.2	6.5		26	3	24.5	26.5	22.5	23
	9	1.5	8.25	9.3	7.2	7.5			5	23.5	26.5	20.5	21
		2	8	9.5	6.5	7			8	22	27	17	18
10		1.5	9.25	10.3	8.2	8.5	28		3	26.5	28.5	24.5	25
		2	9	10.5	7.5	8			5	25.5	28.5	22.5	23
	11	2	10	11.5	8.5	9			8	24	29	19	20
		3	9.5	11.5	7.5	8		30	3	28.5	30.5	26.5	27
12		2	11	12.5	9.5	10			6	27	31	23	24
		3	10.5	12.5	8.5	9			10	25	31	19	20
	14	2	13	14.5	11.5	12	32		3	30.5	32.5	28.5	29
		3	12.5	14.5	10.5	11			6	29	33	25	26
16		2	15	16.5	13.5	14			10	27	33	21	22
		4	14	16.5	11.5	12		34	3	32.5	34.5	30.5	31
	18	2	17	18.5	15.5	16			6	31	35	27	28
		4	16	18.5	13.5	14			10	29	35	23	24
20		2	19	20.5	17.5	18	36		3	34.5	36.5	32.5	33
		4	18	20.5	15.5	16			6	33	37	29	30
	22	3	20.5	22.5	18.5	19			10	31	37	25	26
		5	19.5	22.5	16.5	17		38	3	36.5	38.5	34.5	35
		8	18	23	13	14			7	34.5	39	30	31
24		3	22.5	24.5	20.5	21			10	33	39	27	28
		5	21.5	24.5	18.5	19	40		3	38.5	40.5	36.5	37
		8	20	25	15	16			7	36.5	41	32	33

附录 8　55°非密封管螺纹(GB/T 7307—2001)

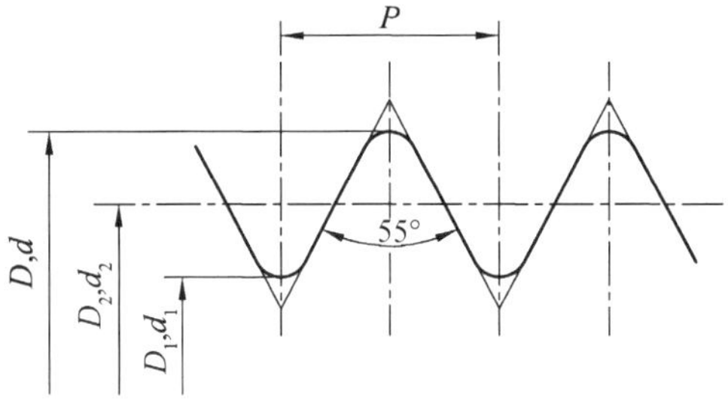

mm

尺寸代号	每25.4 mm内的牙数 n	螺距 P	基本尺寸			尺寸代号	每25.4 mm内的牙数 n	螺距 P	基本直径		
			大径 D,d	中径 D_2,d_2	小径 D_1,d_1				大径 D,d	中径 D_2,d_2	小径 D_1,d_1
$\frac{1}{8}$	28	0.907	9.728	9.147	8.566	$1\frac{1}{4}$	11	2.309	41.910	40.431	38.952
$\frac{1}{4}$	19	1.337	13.157	12.301	11.445	$1\frac{1}{2}$		2.309	47.303	46.324	44.845
$\frac{3}{8}$		1.337	16.662	15.806	14.950	$1\frac{3}{4}$		2.309	53.746	52.267	50.788
$\frac{1}{2}$	14	1.814	20.955	19.793	18.631	2		2.309	59.614	58.135	56.656
$\frac{5}{8}$		1.814	22.911	21.749	20.587	$2\frac{1}{4}$		2.309	65.710	64.231	62.752
$\frac{3}{4}$		1.814	26.441	25.279	24.117	$2\frac{1}{2}$		2.309	75.148	73.705	72.226
$\frac{7}{8}$		1.814	30.201	29.039	27.877	$2\frac{3}{4}$		2.309	81.534	80.055	78.576
1	11	2.309	33.249	31.770	30.291	3		2.309	87.884	86.405	84.926
$1\frac{1}{8}$		2.309	37.897	36.418	34.939	$3\frac{1}{2}$		2.309	100.330	98.851	97.372

附录9 螺 栓

六角头螺栓－C级(GB/T 5780—2000)、六角头螺栓－A和B级(GB/T 5782—2000)

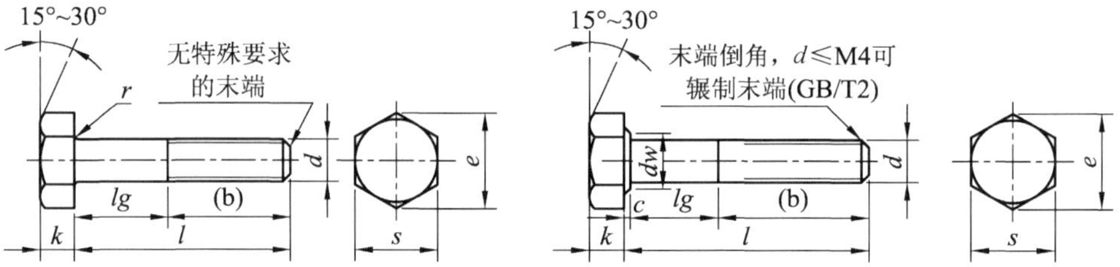

标记示例:

螺纹规格 d＝M12、公称长度 l＝80、性能等级为8.8级,表面氧化、A级的六角头螺栓标记为

螺栓 GB/T 5782—2000 M12×80

mm

螺纹规格 d		M3	M4	M5	M6	M8	M10	M12	M16	M20	M24	M30	M36	M42
b 参考	l≤125	12	14	16	18	22	26	30	38	46	54	66	–	–
	125＜l≤200	18	20	22	24	28	32	36	44	52	60	72	84	96
	l＞200	31	33	35	37	41	45	49	57	65	73	85	97	109
c		0.4	0.4	0.5	0.5	0.6	0.6	0.6	0.8	0.8	0.8	0.8	0.8	1
d_w	产品等级 A	4.57	5.88	6.88	8.88	11.63	14.63	16.63	22.49	28.19	33.61	–	–	–
	产品等级 B,C	4.45	5.74	6.74	8.74	11.47	14.47	16.47	22	27.7	33.25	42.75	51.11	59.95
e	产品等级 A	6.01	7.66	8.79	11.05	14.38	17.77	20.03	26.75	33.53	39.98	–	–	–
	产品等级 B,C	5.88	7.50	8.63	10.89	14.20	17.59	19.85	26.17	32.95	39.55	50.85	60.79	72.02
k 公称		2	2.8	3.5	4	5.3	6.4	7.5	10	12.5	15	18.7	22.5	26
r		0.1	0.2	0.2	0.25	0.4	0.4	0.6	0.6	0.8	0.8	1	1	1.2
s 公称		5.5	7	8	10	13	16	18	24	30	36	46	55	65
l(商品规格范围)		20～30	25～40	25～50	30～60	40～80	45～100	50～120	65～160	80～200	90～240	110～300	140～360	160～440
l 系列		12, 16, 20, 25, 30, 35, 40, 45, 50, 55, 60, 65, 70, 80, 90, 100, 110, 120, 130 140, 150, 160, 180, 200, 220, 240, 260, 280, 300, 320, 340, 360, 380, 400, 420, 440, 460, 480, 500												

注:① A级用于 d≤24 mm和l≤10d或≤150 mm的螺栓;B级用于 d＞24 mm和l＞10d或＞150 mm的螺栓。

② 螺纹规格 d 范围:GB/T 5780—2000为M5～M64;GB/T 5782—2000为M1.6～M64。

③ 公称长度 l 范围:GB/T 5780—2000为25～500;GB/T 5782—2000为12～500。

④ 材料为钢的螺栓性能等级有5.6,8.8,9.8,10.9级,其中8.8级为常用。

附录 10 双头螺柱

双头螺柱（$b_m = d$，GB/T 897—1988；$b_m = 1.25d$，GB/T 898—1988；$b_m = 1.5d$，GB/T 899—1988；$b_m = 2d$，GB/T 900—1988）

标记示例：

两端均为粗牙普通螺纹，$d = 10$ mm，$l = 50$ mm，性能等级为 4.8 级、B 型、$b_m = d$ 的双头螺柱标记为

螺柱 GB/T 897—1988 M10 × 50

$x = 2.5P$，P 为粗牙螺纹的螺距。

mm

螺纹规格	b_m				d_s	L/b
	GB/T 897	GB/T 898	GB/T 899	GB/T 900		
M5	5	6	8	10	5	16 ~ 22/10，25 ~ 50/16
M6	6	8	10	12	6	20 ~ 22/10，25 ~ 30/14，32 ~ 75/18
M8	8	10	12	16	8	20 ~ 22/12，25 ~ 30/16，32 ~ 90/22
M10	10	12	15	20	10	25 ~ 28/14，30 ~ 38/16，40 ~ 120/26，130/32
M12	12	15	18	24	12	25 ~ 30/16，32 ~ 40/20，45 ~ 120/30，130 ~ 180/36
(M14)	14	18	21	28	14	30 ~ 35/18，38 ~ 50/25，55 ~ 120/34，130 ~ 180/40
M16	16	20	24	32	16	30 ~ 35/20，40 ~ 55/30，60 ~ 120/38，130 ~ 200/44
(M18)	18	22	27	36	18	35 ~ 40/22，45 ~ 60/35，65 ~ 120/42，130 ~ 200/48
M20	20	25	30	40	20	35 ~ 40/25，45 ~ 65/35，70 ~ 120/46，130 ~ 200/52
(M22)	22	28	33	44	22	40 ~ 55/30，50 ~ 70/40，75 ~ 120/50，130 ~ 200/56
M24	24	30	36	48	24	45 ~ 50/30，55 ~ 75/45，80 ~ 120/54，130 ~ 200/60
(M27)	27	35	40	54	27	50 ~ 60/35，65 ~ 85/50，90 ~ 120/60，130 ~ 200/66
M30	30	38	45	60	30	60 ~ 65/40，70 ~ 90/50，95 ~ 120/66，130 ~ 200/72
(M33)	33	41	49	66	33	65 ~ 70/45，75 ~ 95/60，100 ~ 120/72，130 ~ 200/78
M36	36	45	54	72	36	65 ~ 75/45，80 ~ 110/60，130 ~ 200/84，210 ~ 300/97

续表

螺纹规格	b_m				d_s	L/b
	GB/T 897	GB/T 898	GB/T 899	GB/T 900		
(M39)	39	49	58	78	39	70 ~ 80/50, 85 ~ 120/65,120/90, 210 ~ 300/103
M42	42	52	64	84	42	70 ~ 80/50, 85 ~ 120/70,130 ~ 200/96, 210 ~ 300/109
M48	48	60	72	96	48	80 ~ 90/60, 95 ~ 110/80,130 ~ 200/108, 210 ~ 300/121
l(系列)	16,(18),20,(22),25,(28),30,(32),35,(38),40,45,50,(55),60,(65),70,(75),80,(85),90,(95),100,110,120,130,140,150,160,170,180,190,200,210,220,230,240,250,260,270,280,290,300					

附录 11　螺　钉

1. 开槽圆柱头螺钉(GB/T 65—2000)

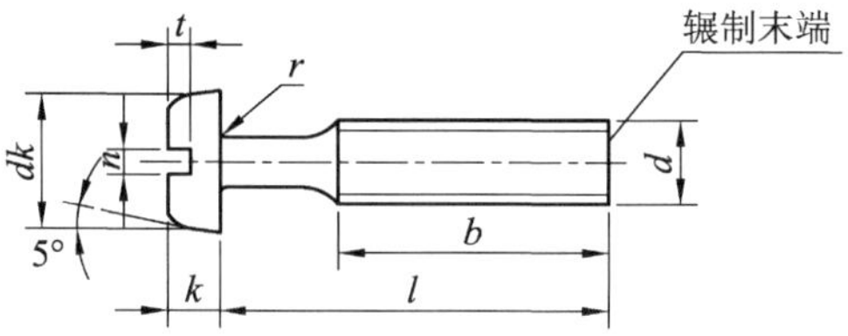

2. 开槽盘头螺钉(GB/T 67—2008)

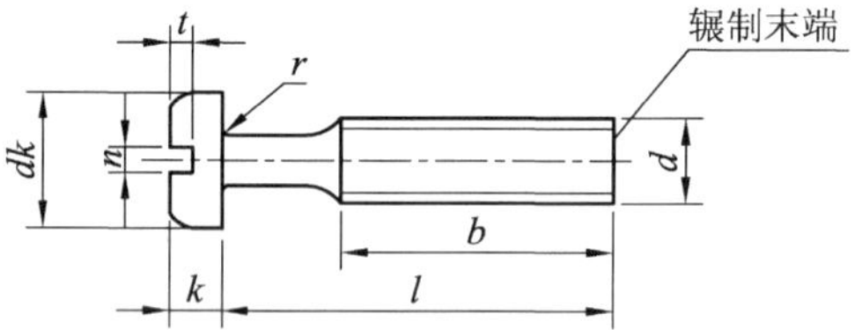

标注示例:

(1) 螺纹规格 d = M5,公称长度 l = 20 mm,性能等级为 4.8 级,不经表面处理的开槽圆柱头螺钉记为

螺钉 GB/T 65 M5 × 20

(2) 螺纹规格 d = M5,公称长度 l = 20 mm,性能等级为 4.8 级,不经表面处理的开槽盘头螺钉记为

螺钉 GB/T 67 M5 × 20

mm

螺纹规格 d	螺距 P	b_{min}	$n_{公称}$	r_{min}	$l_{公称}$	GB/T 65—2000			GB/T 67—2008		
						dk_{max}	k_{max}	t_{min}	dk_{max}	k_{max}	t_{min}
M3	0.5	25	0.8	0.1	4 ~ 30				5.6	1.8	0.7
M4	0.7	38	1.2	0.2	5 ~ 40	7	2.6	1.1	8	2.4	1
M5	0.8	38	1.2	0.2	6 ~ 50	8.5	3.3	1.3	9.5	3	1.2
M6	1	38	1.6	0.25	8 ~ 60	10	3.9	1.6	12	3.6	1.4
M8	1.25	38	2	0.4	10 ~ 80	13	5	2	16	4.8	1.9
M10	1.5	38	2.5	0.4	12 ~ 80	16	6	2.4	20	6	2.4
l 系列	4, 5, 6, 8, 10, 12, (14), 16, 20, 25, 30, 35, 40, 45, 50, (55), 60, (65), 70, (75), 80										

注：公称长度 $l \leqslant 40$ mm 的螺钉和 M3，$l \leqslant 30$ mm 的螺钉，制出全螺纹。

3. 开槽沉头螺钉（GB/T 68—2000）

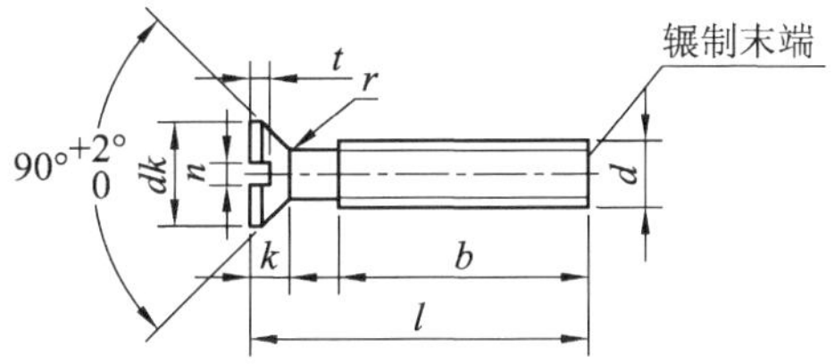

标记示例：

螺纹规格 d = M5，公称长度 l = 20 mm，性能等级为 4.8 级，不经表面处理的 A 级开槽沉头螺钉记为

螺钉 GB/T 68 M5 × 20

mm

螺纹规格 d	M1.6	M2	M2.5	M3	M4	M5	M6	M8	M10
螺距 P	0.35	0.4	0.45	0.5	0.7	0.8	1	1.25	1.5
b	25	25	25	25	38	38	38	38	38
dk	3.6	4.4	5.5	6.3	9.4	10.4	12.6	17.3	20
k	1	1.2	1.5	1.65	2.7	2.7	3.3	4.65	5
n	0.4	0.5	0.6	0.8	1.2	1.2	1.6	2	2.5
r	0.4	0.5	0.6	0.8	1	1.3	1.5	2	2.5
t	0.5	0.6	0.75	0.85	1.3	1.4	1.6	2.3	2.6
公称 l	2.5 ~ 16	3 ~ 20	4 ~ 25	5 ~ 30	6 ~ 40	8 ~ 50	8 ~ 60	10 ~ 80	12 ~ 80
l 系列	2.5, 3, 4, 5, 6, 8, 10, 12, (14), 16, 20, 25, 30, 35, 40, 45, 50, (55), 60, (65), 70, (75), 80								

注：M1.6 ~ M3 的螺钉，公称长度 $l \leqslant 30$ mm 的，制出全螺纹；M4 ~ M10 的螺钉，公称长度 $l \leqslant 45$ mm 的，制出全螺纹。

4. 内六角圆柱头螺钉(GB/T 70.1—2008)

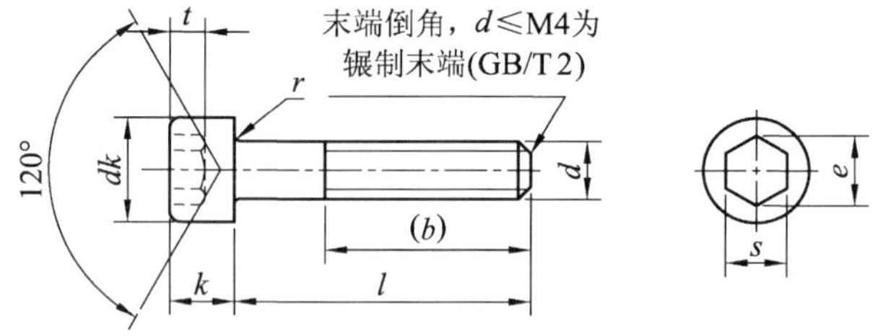

标记示例：

螺纹规格 d = M5，公称长度 l = 20 mm，性能等级为 8.8 级，表面氧化的内六角圆柱头螺钉记为

螺钉 GB/T 70.1 M5×20

mm

螺纹规格 d	M3	M4	M5	M6	M8	M10	M12	M14	M16	M20
螺距 P	0.5	0.7	0.8	1	1.25	1.5	1.75	2	2	2.5
b 参考	18	20	22	24	28	32	36	40	44	52
dk	5.5	7	8.5	10	13	16	18	21	24	30
k	3	4	5	6	8	10	12	14	16	20
t	1.3	2	2.5	3	4	5	6	7	8	10
s	2.5	3	4	5	6	8	10	12	14	17
e	2.87	3.44	4.58	5.72	6.86	9.15	11.43	13.72	16	19.44
r	0.1	0.2	0.2	0.25	0.4	0.4	0.6	0.6	0.6	0.8
公称 l	5~30	6~40	8~50	10~60	12~80	16~100	20~120	25~140	25~160	30~200
l≤表中数值时制出全螺纹	20	25	25	30	35	40	45	55	55	65
l 系列	2.5, 3, 4, 5, 6, 8, 10, 12, 16, 20, 25, 30, 35, 40, 45, 50, 55, 60, 65, 70, 80, 90, 100, 110, 120, 130, 140, 150, 160, 180, 200, 220, 240, 260, 280, 300									

注：螺纹规格 d = M1.6 ~ M64。

5. 十字槽沉头螺钉(GB/T 819.1—2000)

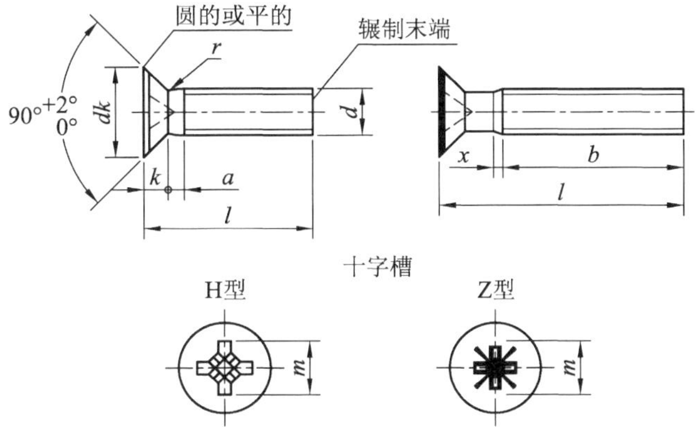

标记示例:

螺纹规格 d = M5,公称长度 l = 20 mm,性能等级为 4.8 级,不经表面处理的 H 型十字槽沉头螺钉标记为

螺钉 GB/T 819.1 M5 × 20

mm

螺纹规格 d	M1.6	M2	M2.5	M3	M4	M5	M6	M8	M10
螺距 P	0.35	0.4	0.45	0.5	0.7	0.8	1	1.25	1.5
a	0.7	0.8	0.9	1	1.4	1.6	2	2.5	3
b	25	25	25	25	38	38	38	38	38
x	0.9	1	1.1	1.25	1.75	2	2.5	3.2	3.8
十字槽 No.	0	0	1	1	2	2	3	4	4
dk	2.7 ~ 3	3.5 ~ 3.8	4.4 ~ 4.7	5.2 ~ 5.5	8 ~ 8.4	8.9 ~ 9.3	10.9 ~ 11.3	15.4 ~ 15.8	17.8 ~ 18.3
k	1	1.2	1.5	1.65	2.7	2.7	3.3	4.65	5
r	0.4	0.5	0.6	0.8	1	1.3	1.5	2	2.5
公称 l	3 ~ 16	3 ~ 20	3 ~ 25	4 ~ 30	5 ~ 40	6 ~ 50	8 ~ 60	10 ~ 60	12 ~ 60
l≤表中数值时制出全螺纹	30	30	30	30	45	45	45	45	45
l 系列	3, 4, 5, 6, 8, 10, 12, (14), 16, 20, 25, 30, 35, 40, 45, 50, (55), 60								

注:材料为钢,螺纹公差 6g,性能等级 4.8 级,产品等级 A。

6. 紧定螺钉

开槽锥端紧定螺钉 (GB/T 71—1985)　　开槽平端紧定螺钉 (GB/T 73—1985)　　开槽长圆柱端紧定螺钉 (GB/T 75—1985)

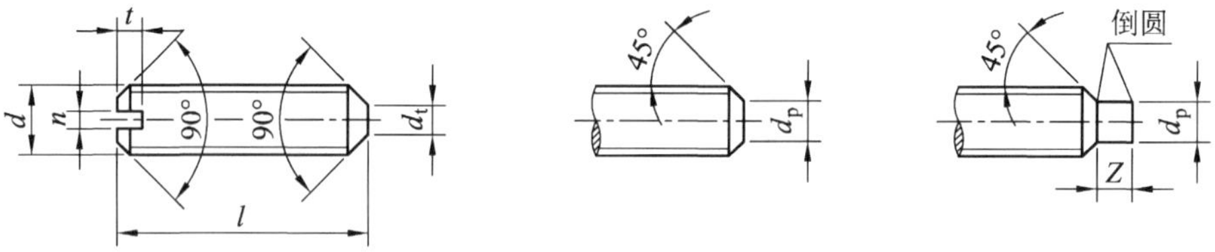

标记示例:

螺纹规格 d = M5,公称长度 l = 12 mm,性能等级为 14H 级,表面氧化的开槽长圆柱端紧定螺钉标记为

螺钉 GB/T 75 M5 × 12

mm

螺纹规格 d		M1.6	M2	M2.5	M3	M4	M5	M6	M8	M10	M12
螺距 P		0.35	0.4	0.45	0.5	0.7	0.8	1	1.25	1.5	1.75
n		0.25	0.25	0.4	0.4	0.6	0.8	1	1.2	1.6	2
t		0.74	0.84	0.95	1.05	1.42	1.63	2	2.5	3	3.6
d_t		0.16	0.2	0.25	0.3	0.4	0.5	1.5	2	2.5	3
d_p		0.8	1	1.5	2	2.5	3.5	4	5.5	7	8.5
z		1.05	1.25	1.5	1.75	2.25	2.75	3.25	4.3	5.3	6.3
l	GB/T 71	2 ~ 8	3 ~ 10	3 ~ 12	4 ~ 16	6 ~ 20	8 ~ 25	8 ~ 30	10 ~ 40	12 ~ 50	14 ~ 60
	GB/T 73	2 ~ 8	2 ~ 10	2.5 ~ 12	3 ~ 16	4 ~ 20	5 ~ 25	5 ~ 30	8 ~ 40	10 ~ 50	12 ~ 60
	GB/T 75	2.5 ~ 8	3 ~ 10	4 ~ 12	5 ~ 16	6 ~ 20	8 ~ 25	10 ~ 30	10 ~ 40	12 ~ 50	14 ~ 60
l 系列		2, 2.5, 3, 4, 5, 6, 8, 10, 12, (14), 16, 20, 25, 30, 35, 40, 45, 50, (55), 60									

附录12 螺 母

六角螺母-C级 (GB/T 41—2000)　　Ⅰ型六角螺母-A和B级 (GB/T 6170—2000)　　六角薄螺母 (GB/T 6172.1—2000)

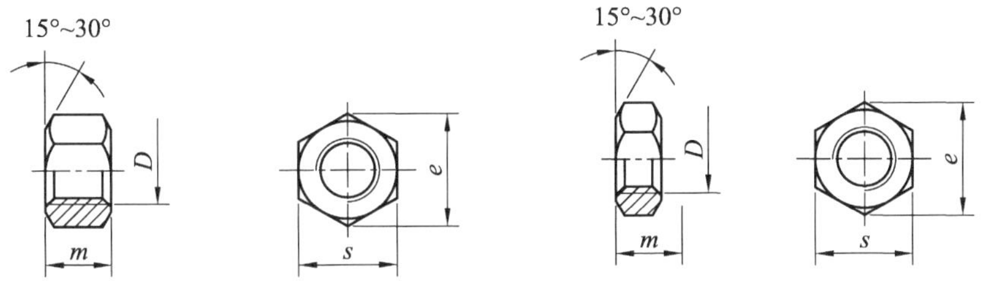

标记示例:

螺纹规格 D = M12,性能等级为 5 级,不经表面处理,C 级的六角螺母标记为

螺母 GB/T 41 M12

mm

螺纹规格 D		M3	M4	M5	M6	M8	M10	M12	M16	M20	M24	M30	M36	M42
e	GB/T 41			8.63	10.89	14.2	17.59	19.85	26.17	32.95	39.55	50.85	60.79	72.02
	GB/T 6170	6.01	7.66	8.79	11.05	14.38	17.77	20.03	26.75	32.95	39.55	50.85	60.79	72.02
	GB/T 6172.1	6.01	7.66	8.79	11.05	14.38	17.77	20.03	26.75	32.95	39.55	50.85	60.79	72.02
s	GB/T 41			8	10	13	16	18	24	30	36	46	55	65
	GB/T 6170	5.5	7	8	10	13	16	18	24	30	36	46	55	65
	GB/T 6172.1	5.5	7	8	10	13	16	18	24	30	36	46	55	65
m	GB/T 41			5.6	6.1	7.9	9.5	12.2	15.9	18.7	22.3	26.4	31.5	34.9
	GB/T 6170	2.4	3.2	4.7	5.2	6.8	8.4	10.8	14.8	18	21.5	25.6	31	34
	GB/T 6172.1	1.8	2.2	2.7	3.2	4	5	6	8	10	12	15	18	21

注:A 级用于 $D \leqslant 16$;B 级用于 $D > 16$。

附录13　垫　圈

1．平垫圈

小垫圈-A级（GB/T848—2002）　　平垫圈-A级（GB/T97.1—2002）　　平垫圈 倒角型-A级（GB/T97.1—2002）

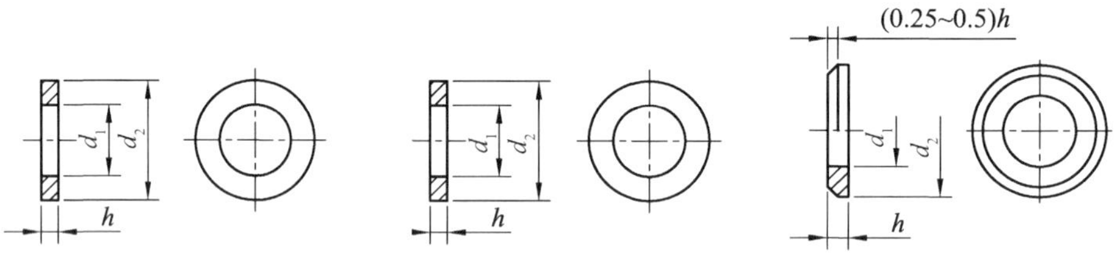

标记示例：

标准系列，规格8，性能等级为140HV级，不经表面处理的平垫圈标记为

垫圈 GB/T 97.1 8

mm

公称尺寸（螺纹规格 d）		1.6	2	2.5	3	4	5	6	8	10	12	14	16	20	24	30	36
d_1	GB/T 848	1.7	2.2	2.7	3.2	4.3	5.3	6.4	8.4	10.5	13	15	17	21	25	31	37
	GB/T 97.1	1.7	2.2	2.7	3.2	4.3	5.3	6.4	8.4	10.5	13	15	17	21	25	31	37
	GB/T 97.2						5.3	6.4	8.4	10.5	13	15	17	21	25	31	37
d_2	GB/T 848	3.5	4.5	5	6	8	9	11	15	18	20	24	28	34	39	50	60
	GB/T 97.1	4	5	6	7	9	10	12	16	20	24	28	30	37	44	56	66
	GB/T 97.2						10	12	16	20	24	28	30	37	44	56	66
h	GB/T 848	0.3	0.3	0.5	0.5	0.5	1	1.6	1.6	1.6	2	2.5	2.5	3	4	4	5
	GB/T 97.1	0.3	0.3	0.5	0.5	0.8	1	1.6	1.6	2	2.5	2.5	3	3	4	4	5
	GB/T 97.2						1	1.6	1.6	2	2.5	2.5	3	3	4	4	5

2. 弹簧垫圈

标准型弹簧垫圈
(GB/T 93—1987)

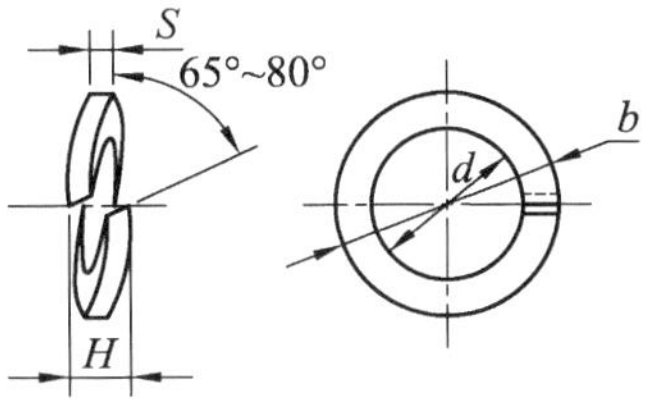

轻型弹簧垫圈
(GB/T 859—1987)

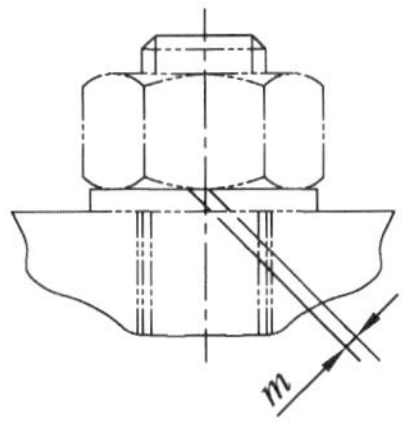

标记示例:

规格 16,材料为 65Mn,表面氧化的标准型弹簧垫圈标记为

垫圈 GB/T 93 16

mm

规格 (螺纹大径)		3	4	5	6	8	10	12	(14)	16	(18)	20	(22)	24	(27)	30
d		3.1	4.1	5.1	6.1	8.1	10.2	12.2	14.2	16.2	18.2	20.2	22.5	24.5	27.5	30.5
H	GB/T 93	1.6	2.2	2.6	3.2	4.2	5.2	6.2	7.2	8.2	9	10	11	12	13.6	15
	GB/T 859	1.2	1.6	2.2	2.6	3.2	4	5	6	6.4	7.2	8	9	10	11	12
S(*b*)	GB/T 93	0.8	1.1	1.3	1.6	2.1	2.6	3.1	3.6	4.1	4.5	5	5.5	6	6.8	7.5
S	GB/T 859	0.6	0.8	1.1	1.3	1.6	2	2.5	3	3.2	3.6	4	4.5	5	5.5	6
$m \leqslant$	GB/T 93	0.4	0.55	0.65	0.8	1.05	1.3	1.55	1.8	2.05	2.25	2.5	2.75	3	3.4	3.75
	GB/T 859	0.3	0.4	0.55	0.65	0.8	1	1.25	1.5	1.6	1.8	2	2.25	2.5	2.75	3
b	GB/T 859	1	1.2	1.5	2	2.5	3	3.5	4	4.5	5	5.5	6	7	8	9

注:① 括号内的规格尽可能不采用;② *m* 应大于零。

附录 14　键

1. 平键和键槽的断面尺寸(GB/T 1095—2003)

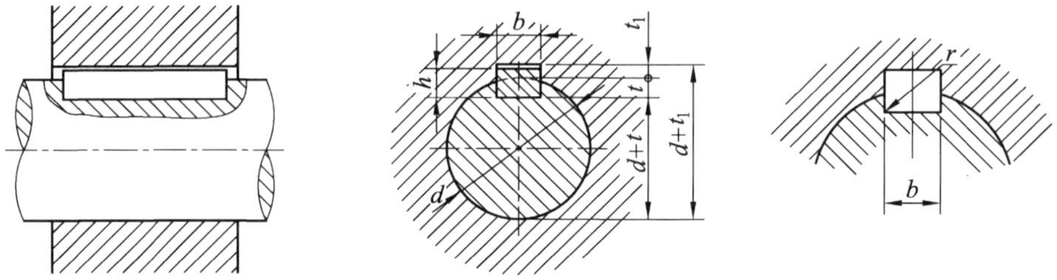

2. 普通平键的型式尺寸(GB/T 1096—2003)

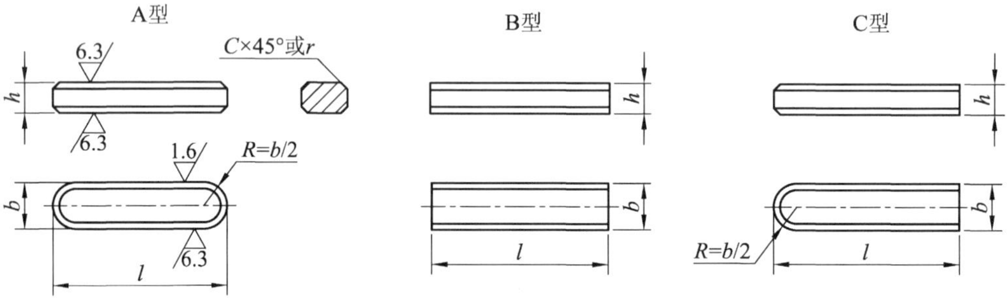

标记示例:

(1) GB/T 1096 键 16×10×100 表示:$b=16$ mm,$h=10$ mm,$l=100$ mm,圆头普通 A 型平键。

(2) GB/T 1096 键 B16×10×100 表示:$b=16$ mm,$h=10$ mm,$l=100$ mm,圆头普通 B 型平键。

(3) GB/T 1096 键 C16×10×100 表示:$b=16$ mm,$h=10$ mm,$l=100$ mm,圆头普通 C 型平键。

mm

轴	键		键槽												
公称直径 d	基本尺寸		槽宽 b						深度				半径 r		倒角或倒圆 C
			基本尺寸 b	极限偏差					轴 t		毂 t_1				
				正常联结		较松联结		紧密联结							
	$b \times h$	l		轴 N9	毂 JS9	轴 H9	毂 D10	轴和毂 P9	基本尺寸	极限偏差	基本尺寸	极限偏差	min	max	
6 ~ 8	2 × 2	6 ~ 20	2	−0. 004 −0. 029	±0. 0125	+0. 025	+0. 060 +0. 020	−0. 006 −0. 031	1. 2	+0. 10	1	+0. 10	0. 08	0. 16	0. 16 ~ 0. 25
>8 ~ 10	3 × 3	6 ~ 36	3						1. 8		1. 4				
>10 ~ 12	4 × 4	8 ~ 45	4	0 −0. 030	±0. 015	+0. 030	+0. 078 +0. 030	−0. 012 −0. 042	2. 5		1. 8				
>12 ~ 17	5 × 5	10 ~ 56	5						3. 0		2. 3		0. 16	0. 25	0. 2 ~ 0. 4
>17 ~ 22	6 × 6	14 ~ 70	6						3. 5		2. 8				
>22 ~ 30	8 × 7	18 ~ 90	8	0 −0. 036	±0. 018	+0. 036	+0. 098 +0. 040	−0. 015 −0. 051	4. 0	+0. 20	3. 3	+0. 20			
>30 ~ 38	10 × 8	22 ~ 110	10						5. 0		3. 3		0. 25	0. 4	0. 4 ~ 0. 6
>38 ~ 44	12 × 8	28 ~ 140	12	0 −0. 043	±0. 021 5	+0. 043	+0. 120 +0. 050	−0. 018 −0. 061	5. 0		3. 3				
>44 ~ 50	14 × 9	36 ~ 160	14						5. 5		3. 8				
>50 ~ 58	16 × 10	45 ~ 180	16						6. 0		4. 3				
>58 ~ 65	18 × 11	50 ~ 200	18						7. 0		4. 4				
>65 ~ 75	20 × 12	56 ~ 220	20	0 −0. 052	±0. 026	+0. 052	+0. 149 +0. 065	−0. 022 −0. 074	7. 5		4. 9		0. 4	0. 6	0. 6 ~ 0. 8
>75 ~ 85	22 × 14	63 ~ 250	22						9. 0		5. 4				
>85 ~ 95	25 × 14	70 ~ 280	25						9. 0		5. 4				
>95 ~ 110	28 × 16	80 ~ 320	28						10		6. 4				
b,h 基本尺寸	2, 3, 4, 5, 6, 8, 10, 12, 14, 16, 18, 20, 22, 25, 28, 32, 36, 40, 45, 50, 56, 63, 70, 80, 90, 100														
l 基本尺寸	6, 8, 10, 12, 14, 16, 18, 20, 22, 25, 28, 32, 36, 40, 45, 50, 56, 63, 70, 80, 90, 100, 110, 125, 140, 160, 180, 200, 220, 250,280, 320, 360, 400, 450, 500														

注:本标准参考旧标准整理而成。

3. 半圆键及断面尺寸(GB/T 1098—2003)

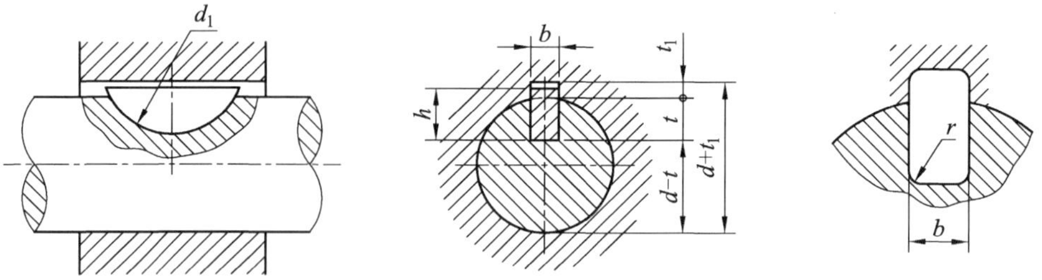

4. 半圆键的型式尺寸(GB/T 1099.1—2003)

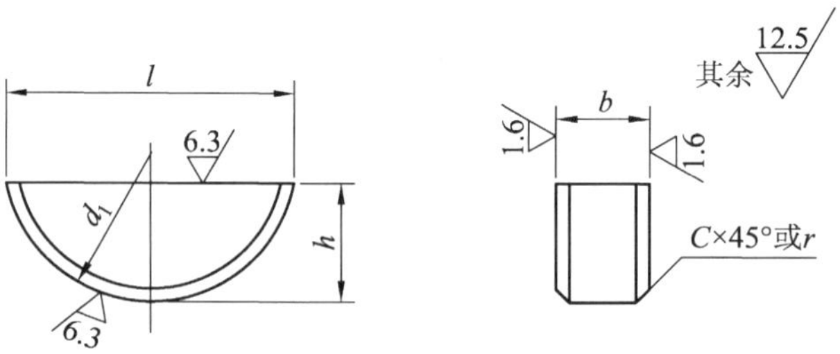

标记示例:

GB/T 1099.1 键 6×10×25 表示:宽度 $b=6$ mm,高度 $h=10$ mm,直径 $d_1=25$ mm 的普通型半圆键。

mm

轴径 d		键								键槽								
		键宽 b		高度 h		直径 d_1		l	c_{min}	宽度 b				深度				半径 r_{min}
										公称尺寸	极限偏差			轴 t		毂 t_1		
											一般键联结		较紧联结					
键传递扭矩	键定位用	公称尺寸	极限偏差	公称尺寸	极限偏差	公称尺寸	极限偏差				轴 N9	毂 JS9	轴和毂 P9	公称尺寸	极限偏差	公称尺寸	极限偏差	
3～4	3～4	1	0 −0.025	1.4	0 −0.060	4	0 −0.12	3.9	0.16	1	−0.004 −0.029	±0.012	−0.006 −0.031	1	+0.10	0.6	+0.10	0.08
>4～5	>4～6	1.5		2.6		7	0 −0.15	6.8		1.5				2		0.8		
>5～6	>6～8	2		2.6		7		6.8		2				1.8		1		
>6～7	>8～10	2		3.7	0 −0.075	10		9.7		2				2.9		1		
>7～8	>10～12	2.5		3.7		10		9.7		2.5				2.7		1.2		
>8～10	>12～15	3		5		13	0 −0.18	12.7		3				3.8	+0.20	1.4		
>10～12	>15～18	3		6.5	0 −0.090	16		15.7		3				5.3		1.4		0.16
>12～14	>18～20	4	0 −0.03	6.5		16		15.7	0.25	4	0 −0.03	±0.015	−0.012 −0.042	5		1.8		
>14～16	>20～22	4		7.5		19	0 −0.21	18.6		4				6		1.8		
>16～18	>22～25	5		6.5		16	0 −0.18	15.7		5				4.5		2.3		
>18～20	>25～28	5		7.5		19	0 −0.21	18.6		5				5.5		2.3		
>20～22	>28～32	5		9		22		21.6		5				7		2.3		
>22～25	>32～36	6		9		22		21.6		6				6.5	+0.30	2.8		
>25～28	>36～40	6		10		25		24.5		6				7.5		2.8	+0.20	0.25
>28～32	40	8	0 −0.036	11	0 −0.110	28		27.4	0.4	8	0 −0.036	±0.018	−0.015 −0.051	8		3.3		
>32～38	–	10		13		32	0 −0.25	31.4		10				10		3.3		

附录15　销

1. 圆柱销(GB/T 119.1—2000)

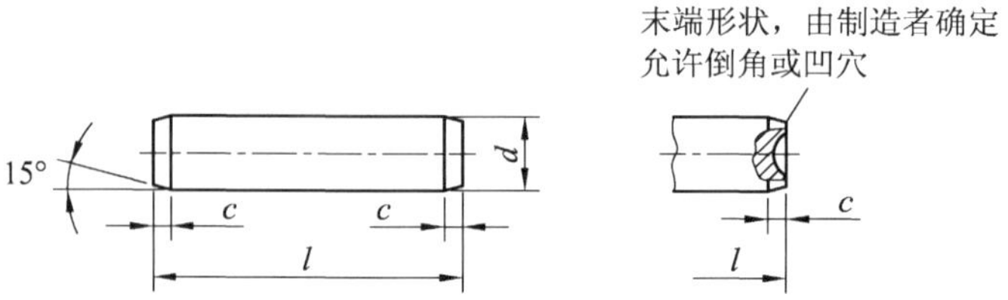

标记示例:

公称直径 $d=6$ mm,公差为 m6,公称长度 $l=30$ mm,材料为钢不经淬火,不经表面处理的圆柱销标记为

销 GB/T 119.1 6m6×30

2. 圆锥销(GB/T 117—2000)

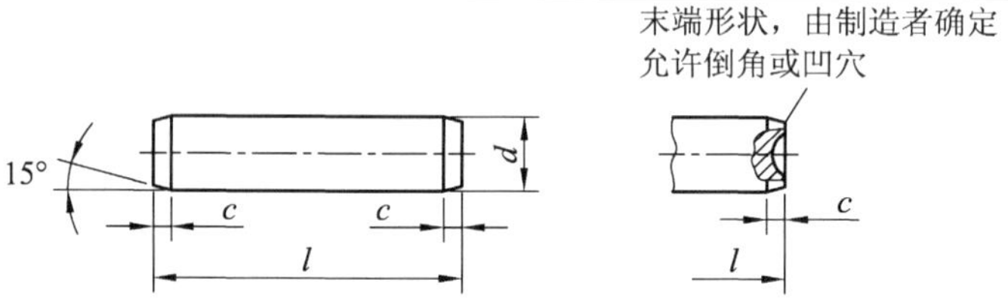

标记示例:

公称直径 $d=10$ mm,公称长度 $l=60$ mm,材料为35钢,热处理硬度28～38 HRC,表面氧化处理的A型圆锥销标记为

销 GB/T 117 A10×60

mm

名称	d	0.8	1	1.2	1.5	2	2.5	3	4	5	6
圆柱销	c	0.16	0.2	0.25	0.3	0.35	0.4	0.5	0.63	0.8	1.2
	l	2～8	4～10	4～12	4～16	6～20	6～24	8～30	8～40	10～50	12～60
圆锥销	a	0.1	0.12	0.16	0.2	0.25	0.3	0.4	0.5	0.63	0.8
	l	5～12	6～16	6～20	8～24	10～35	10～35	12～45	14～55	18～60	22～90
名称	d	8	10	12	16	20	25	30	40	50	
圆柱销	c	1.6	2	2.5	3	3.5	4	5	6.3	8	
	l	14～80	18～95	22～140	26～180	35～200	50～200	60～200	80～200	95～200	
圆锥销	a	1	1.2	1.6	2	2.5	3	4	5	6.3	
	l	22～120	26～160	32～180	40～200	45～200	50～200	55～200	60～200	65～200	
l 系列	2, 3, 4, 5, 6, 8, 10, 12, 14, 16, 18, 20, 22, 24, 26, 28, 30, 32, 35, 40, 45, 50, 55, 60, 65, 70, 75, 80, 85, 90, 95, 100, 120, 140, 160, 180, 200										

3. 开口销(GB/T 91—2000)

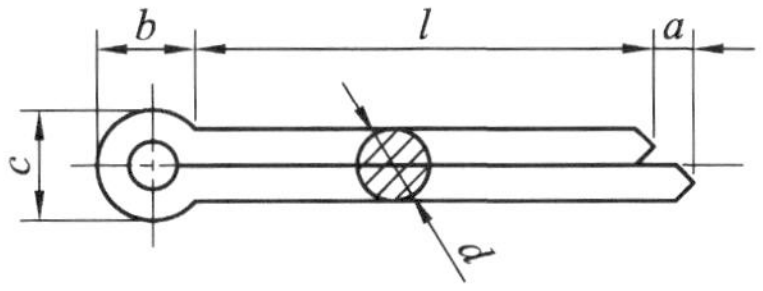

允许制造的型式

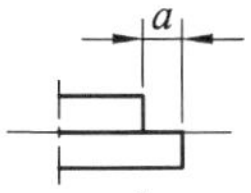

$a_{min}=\frac{1}{2}a_{max}$

标记示例:

公称直径 $d=5$ mm,长度 $l=50$ mm,材料为低碳钢,不经表面处理的开口销标记为

销 GB/T 91 5×50

mm

公称规格		0.6	0.8	1	1.2	1.6	2	2.5	3.2	4	5	6.3	8	10	13
d	max	0.5	0.7	0.9	1	1.4	1.8	2.3	2.9	3.7	4.6	5.9	7.5	9.5	12.4
	min	0.4	0.6	0.8	0.9	1.3	1.7	2.1	2.7	3.5	4.4	5.7	7.3	9.3	12.1
c	max	1	1.4	1.8	2	2.8	3.6	4.6	5.8	7.4	9.2	11.8	15	19	24.8
	min	0.9	1.2	1.6	1.7	2.4	3.2	4	5.1	6.5	8	10.3	13.1	16.6	21.7
b		2	2.4	3	3	3.2	4	5	6.4	8	10	12.6	16	20	26
a 最大		1.6	1.6	1.6	2.5	2.5	2.5	2.5	3.2	4	4	4	4	6.3	6.3
l		4 ~ 12	5 ~ 16	6 ~ 20	8 ~ 26	8 ~ 32	10 ~ 40	12 ~ 50	14 ~ 65	18 ~ 80	22 ~ 100	30 ~ 120	40 ~ 160	45 ~ 200	70 ~ 200
l 系列		4, 5, 6, 8, 10, 12, 14, 16, 18, 20, 22, 24, 26, 28, 30, 32, 36, 40, 45, 50, 55, 60, 65, 70, 75, 80, 85, 90, 95, 100, 120, 140, 160, 180, 200													

附录 16　轴　承

1. 深沟球轴承(GB/T 276—2013)

60000型

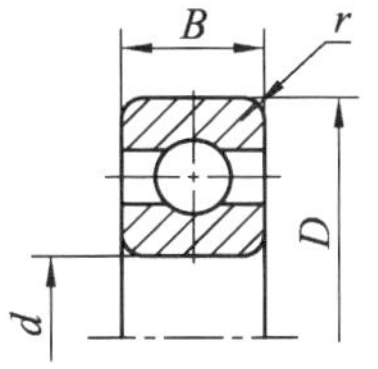

外形尺寸

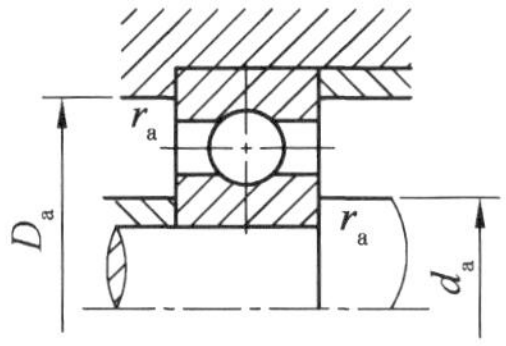

安装尺寸

标记示例：

滚动轴承 6204　GB/T 276—2013

mm

轴承代号	基本尺寸				安装尺寸		
	d	D	B	r_s	d_a	D_a	r_{as}
10 系列							
6004	20	42	12	0.6	25	37	0.6
6005	25	47	12	0.6	30	42	0.6
6006	30	55	13	1	36	49	1
6007	35	62	14	1	41	56	1
6008	40	68	15	1	46	62	1
6009	45	75	16	1	51	69	1
6010	50	80	16	1	56	74	1
6011	55	90	18	1.1	62	83	1
6012	60	95	18	1.1	67	88	1
6013	65	100	18	1.1	72	93	1
6014	70	110	20	1.1	77	103	1
6015	75	115	20	1.1	82	108	1
6016	80	125	22	1.1	87	118	1
6017	85	130	22	1.1	92	123	1
6018	90	140	24	1.5	99	131	1.5
6019	95	145	24	1.5	104	136	1.5
6020	100	150	24	1.5	109	141	1.5
02 系列							
6204	20	47	14	1	26	41	1
6205	25	52	15	1	31	46	1
6206	30	62	16	1	36	56	1
6207	35	72	17	1.1	42	65	1
6208	40	80	18	1.1	47	73	1
6209	45	85	19	1.1	52	78	1
6210	50	90	20	1.1	57	83	1
6211	55	100	21	1.5	64	91	1.5
6212	60	110	22	1.5	69	101	1.5

续表

轴承代号	基本尺寸				安装尺寸		
	d	D	B	r_s	d_a	D_a	r_{as}
10 系列							
6213	65	120	23	1.5	74	111	1.5
6214	70	125	24	1.5	79	116	1.5
6215	75	130	25	1.5	84	121	1.5
6216	80	140	26	2	90	130	2
6217	85	150	28	2	95	140	2
6218	90	160	30	2	100	150	2
6219	95	170	32	2.1	107	158	2.1
6220	100	180	34	2.1	112	168	2.1
03 系列							
6304	20	52	15	1.1	27	45	1
6305	25	62	17	1.1	32	55	1
6306	30	72	19	1.1	37	65	1
6307	35	80	21	1.5	44	71	1.5
6308	40	90	23	1.5	49	81	1.5
6309	45	100	25	1.5	54	91	1.5
6310	50	110	27	2	60	100	2
6311	55	120	29	2	65	110	2
6312	60	130	31	2.1	72	118	2.1
6313	65	140	33	2.1	77	128	2.1
6314	70	150	35	2.1	82	138	2.1
6315	75	160	37	2.1	87	148	2.1
6316	80	170	39	2.1	92	158	2.1
6317	85	180	41	3	99	166	2.5
6318	90	190	43	3	104	176	2.5
6319	95	200	45	3	109	186	2.5
6320	100	215	47	3	114	201	2.5
04 系列							
6404	20	72	19	1.1	27	65	1
6405	25	80	21	1.5	34	71	1.5

续表

轴承代号	基本尺寸				安装尺寸		
	d	D	B	r_s	d_a	D_a	r_{as}
10 系列							
6406	30	90	23	1.5	39	81	1.5
6407	35	100	25	1.5	44	91	1.5
6408	40	110	27	2	50	100	2
6409	45	120	29	2	55	110	2
6410	50	130	31	2.1	62	118	2.1
6411	55	140	33	2.1	67	128	2.1
6412	60	150	35	2.1	72	138	2.1
6413	65	160	37	2.1	77	148	2.1
6414	70	180	42	3	84	166	2.5
6415	75	190	45	3	89	176	2.5
6416	80	200	48	3	94	186	2.5
6417	85	210	52	4	103	192	3
6418	90	225	54	4	108	207	3
6420	100	250	58	4	118	132	3

2. 圆锥滚子轴承(GB/T 297—1994)

30000型

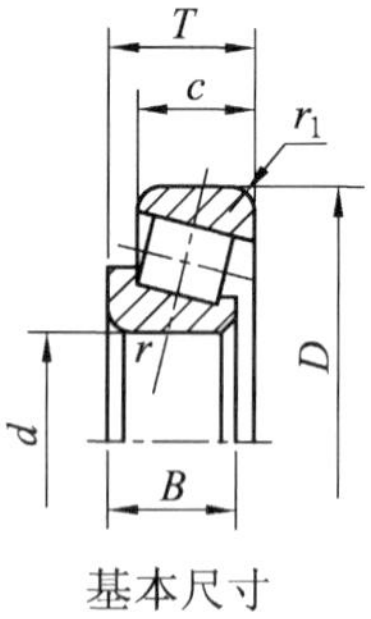

基本尺寸

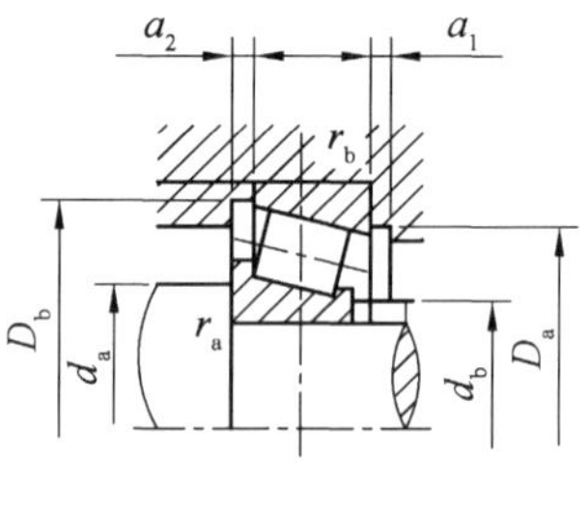

安装尺寸

标记示例：

滚动轴承 30205 GB/T297—1994

mm

轴承类型		外形尺寸					轴承类型		外形尺寸				
		d	*D*	*T*	*B*	*c*			*d*	*D*	*T*	*B*	*c*
02尺寸系列	30204	20	47	15.25	14	12	02尺寸系列	30215	75	130	27.25	25	22
	30205	25	52	16.25	15	13		30216	80	140	28.25	26	22
	30206	30	62	17.25	16	14		30217	85	150	30.50	28	24
	30207	35	72	18.25	17	15		30218	90	160	32.50	30	26
	30208	40	80	19.75	18	16		30219	95	170	34.50	32	27
	30209	45	85	20.75	19	16		30220	100	180	37.00	34	29
	30210	50	90	21.75	20	17	03尺寸系列	30304	20	52	16.25	15	13
	30211	55	100	22.75	21	18		30305	25	62	18.25	17	15
	30212	60	110	23.75	22	19		30306	30	72	20.75	19	16
	30213	65	120	24.75	23	20		30307	35	80	22.75	21	18
	30214	70	125	26.25	24	21		30308	40	90	25.25	23	20
03尺寸系列	30309	45	100	27.25	25	22	22尺寸系列	32215	75	130	33.25	31	27
	30310	50	110	29.25	27	23		32216	80	140	35.25	33	28
	30311	55	120	31.5	29	25		32217	85	150	38.5	36	30
	30312	60	130	33.5	31	26		32218	90	160	42.5	40	34
	30313	65	140	36	33	28		32219	95	170	45.5	43	37
	30314	70	150	38	35	30		32220	100	180	49	46	39
	30315	75	160	40	37	31	03尺寸系列	32304	20	52	22.25	21	18
	30316	80	170	42.5	39	33		32305	25	62	25.25	24	20
	30317	85	180	44.5	41	34		32306	30	72	28.75	27	23
	30318	90	190	46.5	43	36		32307	35	80	32.75	31	25
	30319	95	200	49.5	45	38		32308	40	90	35.25	33	27
	30320	100	215	51.5	47	39		32309	45	100	38.25	36	30
22尺寸系列	32204	20	47	19.25	18	15		32310	50	110	42.25	40	33
	32205	25	52	19.25	18	16		32311	55	120	45.5	43	35
	32206	30	62	21.25	20	17		32312	60	130	48.5	46	37
	32207	35	72	24.25	23	19		32313	65	140	51	48	39
	32208	40	80	24.75	23	19		32314	70	150	54	51	42
	32209	45	85	24.75	23	19		32315	75	160	58	55	45
	32210	50	90	24.75	23	19		32316	80	170	61.5	58	48
	32211	55	100	26.75	25	21		32317	85	180	63.5	60	49
	32212	60	110	29.75	28	24		32318	90	190	67.5	64	53
	32213	65	120	32.75	31	27		32319	95	200	71.5	67	55
	32214	70	125	33.25	31	27		32320	100	215	77.5	73	60

附录17　常见材料

种类	牌号	应用	种类	牌号	应用
灰铸铁	HT100	低中强度铸件，用于手轮、支架等	铬锰钢	15CrMn	用于高耐磨零件，如偏心轮、齿轮等
	HT150			40CrMn	
	HT200	高强度铸件，用于床身、泵体等	铬锰钛钢	18CrMnTi	强度高，耐磨性好
	HT250			40CrMnTi	
球墨铸铁	QT800－2	具有较高强度，用于曲轴、齿轮等	碳素工具钢	T7A	能承受振动和冲击的工具
	QT700－2			T8	
	QT600－2		普通黄铜	H62	散热器、垫圈等
可锻铸铁	KTH300－06	用于承受冲击振动的零件，如汽车铸件	锡青铜	ZCuSn10P1	高负荷耐磨件
	KTH330－08		铬钢	15Cr	较重要的零件，需要强度及耐磨性好的轴等
	KTH370－12			40Cr	
优质碳素结构钢	30	可塑性要求高的零件，如紧固件、拉杆、齿轮、弹簧等	普通碳素结构钢	Q215	金属结构件，普通的零件
	45			Q235	
	60			Q275	
	15Mn	承受磨损的零件，如摩擦片、活塞销、凸轮等	硬铝	LY13	适用于中等强度零件
	40Mn		尼龙	尼龙6	具有优良的机械强度和耐磨性，可制造成零件
	50Mn			尼龙9	

附录18　热处理术语

名词	应用	名词	应用
退火	用来消除铸、锻、焊零件的内应力，降低硬度，便于切削加工，细化金属晶粒，改善组织。	渗碳	将碳渗入钢的表面，增加钢的耐磨性、表面硬度，提高抗疲劳能力和抗蚀能力。
正火	用来处理低碳和中碳结构钢及渗碳零件，使其组织细化，改善切削性能。	渗氮	将氮原子渗入钢的表面，增加表面硬度、耐磨性，提高抗疲劳强度。
淬火	用来提高钢的硬度和强度极限。	时效	使工件消除内应力和稳定形状，用于量具、精密丝杆等。
回火	消除钢淬火后的脆性和内应力，提高钢的塑性和冲击韧性。	发蓝、发黑	使金属表面形成一层氧化铁所组成的保护性薄膜，防腐蚀、美观。
调质	用来使钢获得高的韧性和足够的强度。	镀铬	提高表面硬度、耐磨性和耐蚀能力，也用于修复零件上的磨损的表面。

附录 19　渐开线圆柱齿轮模数系列(GB/T 1357—2008)

mm

第一系列	1　1.25　1.5　2　2.5　3　4
第二系列	1.75　2.25　2.75　(3.25)　3.5　(3.75)
第一系列	5　6　8　10　12　16
第二系列	4.5　5.5　(6.5)　7　9　(11)　14
第一系列	20　25　32　40　50
第二系列	18　22　28　36　45

注:优先选用第一系列,括号内尽量不用。

附录 20　优先数系的基本系列(GB/T 2822—2005)

mm

R		R′		R		R′	
R10	R20	R′10	R′20	R10	R20	R′10	R′20
1.00	1.00	1.0	1.0	12.5	12.5	12	12
	1.12		1.1		14.0		14
1.25	1.25	1.2	1.2	16.0	16.0	16	16
	1.40		1.4		18.0		18
1.60	1.60	1.6	1.6	20.0	20.0	20	20
	1.80		1.8		22.4		22
2.00	2.00	2.0	2.0	25.0	25.0	25	25
	2.24		2.2		28.0		28
2.50	2.50	2.5	2.5	31.5	31.5	32	32
	2.80		2.8		35.5		36
3.15	3.15	3.0	3.0	40.0	40.0	40	40
	3.55		3.5		45.0		45
4.00	4.00	4.0	4.0	50.0	50.0	50	50
	4.50		4.5		56.0		56
5.00	5.00	5.0	5.0	63.0	63.0	63	63
	5.60		5.5		71.0		71

续表

R		R′		R		R′	
R10	R20	R′10	R′20	R10	R20	R′10	R′20
6.30	6.30	6.0	6.0	80.0	80.0	80	80
	7.10		7.0		90.0		90
8.00	8.00	8.0	8.0	100.0	100.0	100	100
	9.00		9.0		112		110
10.00	10.00	10.0	10.0	125	125	125	125
	11.2						

注:首先在优先数 R 系列按 R10,R20 顺序选用,如必须按数值圆整,可选 R′系列按 R′10,R′20 顺序选用。

附录 21　表面粗糙度轮廓值的外观判断法

Ra 值	表面特征	表面外观情况	应用举例
	毛面	除净毛口	零件上未加工面
50,25,12.5	粗面	明显可见,可见,微见刀痕	一般无要求的自由表面
6.3,3.2,1.6	半光面	可见,微见,看不见加工痕迹	支承表面,配合表面
0.8,0.4,0.2	光面	可辨,微辨,不可辨加工痕迹	要求高的精确配合表面

附录 22　表面粗糙度轮廓标注示例

表面粗糙度轮郭的标注现存两种标注方法,附图 1 所示为 1993 年 GB/T 131—1993《机械制图　表面粗糙度符号、代号及其注法》标准所规定的粗糙度标注方法,在已出版的大量教科书及企业生产图纸上广泛存在。附图 2 是 2006 年修订颁发的 GB/T 131—2006《产品几何技术规范(GPS).技术产品文件中表面结构的表示法》所规定的标注方法,在新出版的教材及企业生产图纸中开始逐渐得到应用。

1. GB/T 131—1993《机械制图　表面粗糙度符号、代号及其注法》

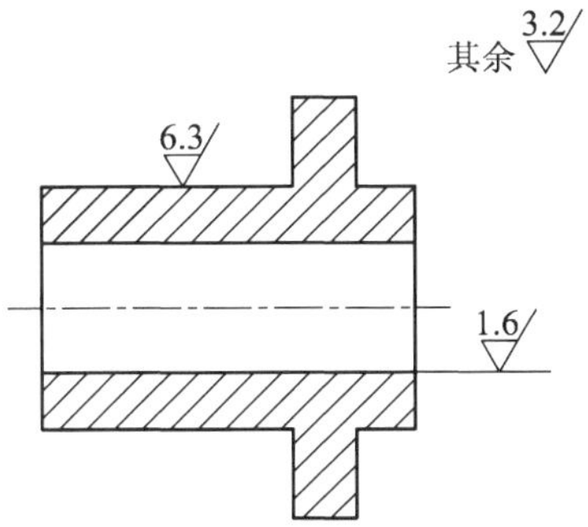

附图 1　标注方法(1993 标准)

2. GB/T 131—2006《产品几何技术规范(GPS).技术产品文件中表面结构的表示法》

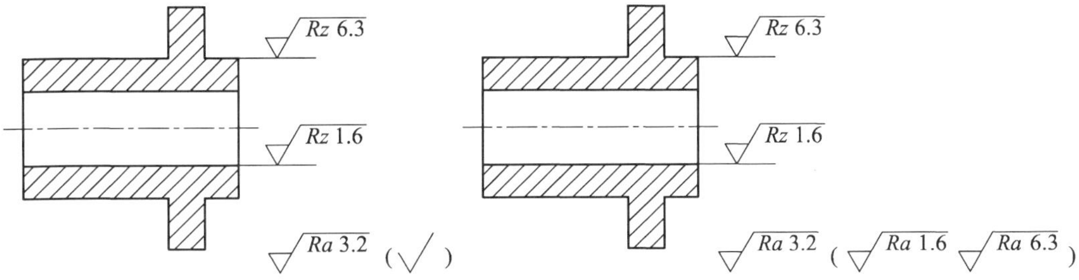

(a)　　(b)

附图 2　标注方法(2006 标准)

附录 23　铸造圆角半径 *R*(GB/ZQ 4255—1997)

1. 内圆角

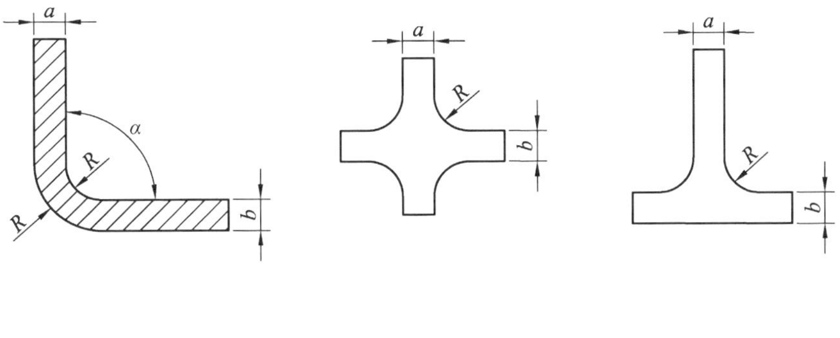

$\frac{(a+b)}{2}$	内部圆角 α											
	≤50°		>50°~75°		>75°~105°		>105°~135°		>135°~165°		>165°	
	钢	铁	钢	铁	钢	铁	钢	铁	钢	铁	钢	铁
≤8	4	4	4	4	6	4	8	5	16	10	20	16
9~12	4	4	4	4	6	6	10	8	16	12	25	20
13~16	4	4	6	4	8	6	12	10	20	16	30	25
17~20	6	4	8	6	10	8	16	12	25	20	40	30
21~27	6	6	10	8	12	10	20	16	30	25	50	40
28~35	8	6	12	10	16	12	25	20	40	30	60	50

2. 外圆角

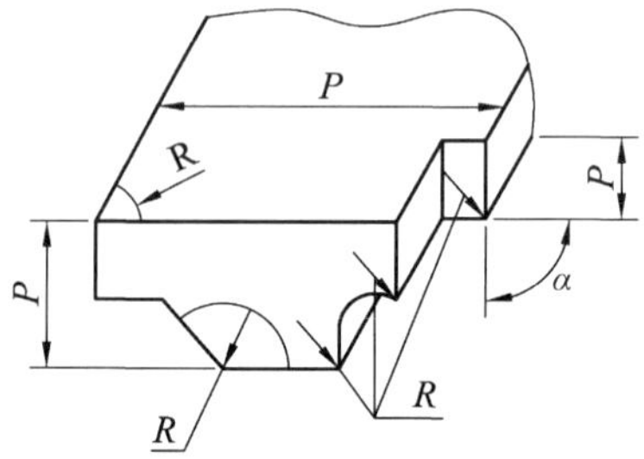

表面最小边尺寸 P/mm	外部圆角 α					
	≤50°	>50°~75°	>75°~105°	>105°~135°	>135°~165°	>165°
≤25	2	2	2	4	6	8
>25~60	2	4	4	6	10	16
>60~160	4	4	6	8	16	25
>160~250	4	6	8	12	20	30
>250~400	6	8	10	16	25	40